高等学校信息工程类系列教材

U0159562

电路理论指导与仿真分析

顾梅园　杜铁钧　吕伟锋　编著
王光义　主审

西安电子科技大学出版社

内 容 简 介

本书按照教育部高等学校本科生"电路分析"课程的要求编写而成。全书共 10 章，主要介绍交直流电路、动态电路和交流稳态电路的基本概念、基本理论、分析方法和电路仿真，涉及元件的端口特性和电路模型、线性电阻电路的分析方法和电路定理、三要素法、相量法、阻抗和导纳、频率响应、磁耦合电路、三相电路和谐振电路等内容。本书以工程应用为背景，按学习纲要、重点和难点解析、典型例题分析和仿真实例 4 个部分编写。全书框架清晰，学习目标明确，重点难点突出，例题分析详尽，仿真实例结合实际，为电路验证、测试和设计提供了方法。

本书适合普通高等学校电类专业学生学习电路课程使用，可作为考研学生的辅导用书，也可供相关专业的工程技术人员参考。

图书在版编目(CIP)数据

电路理论指导与仿真分析/顾梅园，杜铁钧，吕伟锋编著. —西安：西安电子科技大学出版社，2022.3

ISBN 978 - 7 - 5606 - 6310 - 4

Ⅰ. ① 电… Ⅱ. ① 顾… ② 杜… ③ 吕… Ⅲ. ①电路分析—高等学校—教材 ②电子电路—计算机仿真—高等学校—教材 Ⅳ. ①TM133 ②TN702.2

中国版本图书馆 CIP 数据核字 (2021) 第 276513 号

策划编辑　陈　婷
责任编辑　刘志玲　陈　婷
出版发行　西安电子科技大学出版社(西安市太白南路 2 号)
电　　话　(029)88202421　88201467　　邮　编　710071
网　　址　www.xduph.com　　电子邮箱　xdupfxb001@163.com
经　　销　新华书店
印刷单位　陕西天意印务有限责任公司
版　　次　2022 年 3 月第 1 版　2022 年 3 月第 1 次印刷
开　　本　787 毫米×1092 毫米　1/16　印张 12.5
字　　数　292 千字
印　　数　1～3000 册
定　　价　32.00 元
ISBN 978 - 7 - 5606 - 6310 - 4/TM
XDUP 6612001 - 1

前　　言

电路理论发展至今，已有百余年的历史。电路最早是由实际应用的需求发展而来的。基于理想电路模型的理论分析，从本质上说是在忽略了电磁效应、环境问题、安全工作以及材料特性等因素的前提下对实际电路的一种近似分析。目前，随着超大规模集成电路技术的飞速发展，围绕 RLC 元件进行电路分析和设计与当前的工程技术发展已不相适应。多端有源器件（集成运放）可以实现比 RLC 元件更为强大和复杂的电路功能，它的引入可以扩展电路元件的种类，解释受控源电路模型的建模背景，与无源器件结合可以获得丰富的功能电路，其与工程应用电路的结合则更为紧密，同时也拓宽了电路理论的应用范畴。

本书以电能转换和信号处理为背景，研究电路的基本概念、电学规律和分析方法，从端口特性、等效模型和电路应用的角度描述元件的电气特性，强调对偶性在电路分析中的应用，注重知识点之间的内在逻辑和联系，将有源器件和无源器件、等效和替代、叠加和分解、实际电路和理想模型、时域和相量域、稳态和暂态、分析和设计相统一且相融合，同时结合工程案例探讨其中蕴藏的电路原理，并对其进行理论分析，引导学生通过仿真实验研究电学规律，探讨电路实际的工作状态和电气性能。本书在引入有源器件（集成运放）的同时，不仅对包含集成运放的电路提出了理论分析要求，还融入了电路设计的相关问题，通过对集成运放电路的仿真测试，结合器件的实际特性展开理论分析和研讨，以培养学生对应用电路的分析能力和工科思维能力。黑箱实验为黑箱内部电路结构和参数的确定提供了测试方法，学习者可以在此基础上进行同类实验的设计和验证，为实验研发、理论应用开拓了思路。

在教材编排方面，本书通过思维导图建立以各章主题为核心的知识体系和框架，呈现出各章内部知识点之间的内在逻辑和联系，有利于读者全面了解各章内容和知识脉络，达到快速入门的效果；"学习目标"在不同层面上为目标的达成指明了方向；"重点和难点解析"涉及每章的基本概念、分析方法、电路定理和电路应用中的相关问题，从不同角度对其进行归纳、总结、解析和拓展，使重点凸显，难点易于理解；"典型例题分析"中解题过程详尽且通俗易懂，提倡一题多解，有利于读者开拓思路，并熟练掌握电路的分析方法；"仿真实例"是电路分析实践环节的一部分，通过电路搭建、测试、分析、调试等环节，使学生熟悉虚拟仪器仪表的操作，为实际电路的测试提供实验方法，培养学生的实践动手能力，加深其对电路理论的认知和理解，对学生建立和培养电路中的抽象观点、等效观点和工程观点具有积极作用。

杭州电子科技大学将本书作为"电路与电子线路 1"（浙江省精品在线开放课程）翻转课堂的课内教学资料，面向电子信息类专业的本科生进行了 3 轮教学模式改革。其中的课堂练习主要取自本书中的经典例题，课堂讨论主题来源于本书的重点和难点解析，课堂演示取材于本书中的仿真实例。实践证明，课堂教学的内容和形式能够激发学生对本专业的学习兴趣，活跃课堂氛围，引发学生思考，培养学生的资料检索能力和团队协作能力，具有明显提升教学效果的作用。

本书共 10 章，具体内容包括电路的基础知识、电路结构及等效规律、电路的分析方法、电路性质和定理、动态电路的基本概念、动态电路响应分析、正弦稳态电路分析、正弦稳态电路的功率、磁耦合电路和三相电路分析、频率响应。杭州电子科技大学"电路与电子线路 1"课程负责人顾梅园负责编写第 1、2、5、6、9 和 10 章，并负责全书的统稿工作，吕伟锋负责编写第 3、4 章，杜铁钧负责编写第 7、8 章。

在此感谢杭州电子科技大学教务处、电子信息学院及西安电子科技大学出版社对作者在教学改革和教材编写方面提供的帮助。感谢王光义教授和陈龙教授在教材编写过程中的指导和大力支持。感谢课程组全体教师的辛勤劳动和付出。本书融入了作者多年来从事电路教学的经验和体会，是杭州电子科技大学电路课程教学改革的成果之一。

由于作者水平有限，不妥之处在所难免，热忱期待广大同行和读者批评指正。

作　者

2021 年 10 月

目　　录

第 1 章　电路的基础知识

1.1　学　习　纲　要

1.1.1　思维导图

　　本章的主要内容包括电路的基本概念、基本定律、实际器件、电路元件和电路模型。这些均属于电路的基础知识。图 1.1 所示的思维导图中呈现了每个模块的具体架构以及模块之间的内在联系。通过本章内容的学习，读者将了解实际器件的建模背景和抽象过程，掌握电路的基本概念和基本定律，并利用电路元件端口的 VCR 方程和基尔霍夫定律，结合参考方向，对集总参数电路进行分析和求解，通过电路仿真、测试、验证、分析和设计，熟悉虚拟仿真软件的使用，加深对电路理论基础和实际电路性能的认知和理解。

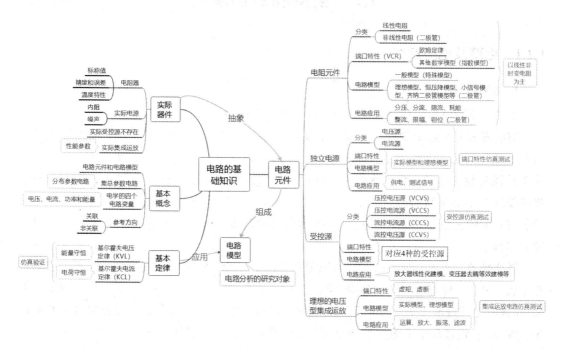

图 1.1　思维导图

1.1.2　学习目标

　　表 1.1 所示为本章的学习目标。

表 1.1　学习目标

序号	学习要求	学习目标
1	记忆	① 电压、电流、功率与能量的定义和物理含义； ② 线性电阻、独立源、线性受控源与集成运放的端口特性和电路模型
2	理解	① 参考方向的作用； ② 基尔霍夫定律(KCL 和 KVL)及推论； ③ 电路模型的抽象过程(非线性→线性，非理想→理想)
3	分析	结合参考方向，运用基尔霍夫定律和元件的 VCR 方程，分析包含 4 种电路元件的电路响应(电压、电流、功率和能量)
4	应用	① Multisim 仿真软件的学习； ② 基尔霍夫定律的仿真验证； ③ 电路元件端口特性测试仿真； ④ 集成运放的线性应用电路仿真； ⑤ 受控源的仿真电路设计

1.2　重点和难点解析

1.2.1　电路及电路模型

1. 实际器件

本章以实际电源为例，简要介绍实际器件的存在形式和性能特点。

存在形式：实际电源独立于被研究的电子系统，可以独立自由地为电路或负载提供能量或信号激励。比如，传感器是将自然界的物理量转换为电信号或电能的一种装置，通常被视为独立电源；交流发电机可以将其他形式能量转换为交流电输出；水力发电是将势能转换为动能后再转化为电能的过程。又如，直流电池是一种将化学能转换为电能的装置；太阳能电池是一种将光能转换为电能的装置。由此可见，实际电源的存在形式较为丰富。

性能特点：实际电源包括实际电压源和实际电流源。实际电源均有内阻，而内阻会消耗电能。对于实际电压源(或实际电流源)来讲，内阻越小(或越大)，其驱动负载的能力越强(即输出电压或输出电流几乎不随负载的变化而变化)。实际电源需要考虑的性能指标较多。例如，直流稳压电源的主要指标包括稳压系数 S_r、电压调整率 S_v、输出电阻 R_o、温度系数 S_T 和纹波系数 K_r 等。

2. 实际器件的抽象建模

为何要对实际器件进行抽象建模？其原因如下：

(1) 实际器件的性能不是唯一的。例如，实际电源既能对外提供能量，又要消耗能量；

实际电容器既能建立电场存储电荷，又因极板间存在漏电现象而可能会消耗电能。

（2）实际器件的参数也非恒定，会受环境的影响而改变。例如，热敏电阻分为正温度系数（PTC）和负温度系数（NTC）两类，其阻值随温度的升高而分别增大和减小。又如，双极性晶体管的共发射极电流放大倍数 β 也是温度的敏感参数。

（3）实际器件上标定的参数值称为标称值，器件的标称值并非连续的且存在精度问题。因此在进行电路设计时，需要利用串并联等效的方式获得理论设计所需要的参数值，或通过选型和补偿的方式提高器件精度。

（4）实际器件一般有额定电压、额定电流或额定功率等参数，当器件的实际电压、电流或功率超过额定值时，不能安全工作，甚至会被烧毁。因此，安全工作是实际电路分析和设计必须考虑的问题。

显然，由实际器件构成的电路性能较为复杂，不利于电路理论的分析和计算。我们可以将实际器件抽象化和理想化，忽略其次要性能，保留主要性能，认为电路元件的性能是唯一的，其参数值是固定的、连续的和无误差的，其额定电压、电流或功率为无穷大。经抽象化和理想化之后的器件称为理想的电路元件（简称电路元件）。电路元件保留了实际器件主要的电气性能特征，研究由其组成的电路，可以简化实际电路的分析过程，并预测实际电路的性能。

3. 电路的基本概念

1）集总假设

以电子器件的尺寸和工作信号波长之间的关系作为划分标准，实际电路可分为**分布参数电路和集总参数电路**。一般的家用电器和电子产品都归属于集总参数电路。该类电路中任意两个端点间的电压和流入任一器件端钮的电流完全确定，与器件的几何尺寸和空间位置无关。电路所涉及的电磁过程都集中在元件内部进行。由波导和高频传输线组成的电路属于分布参数电路。该类电路中电压和电流是时间的函数，而且与器件的几何尺寸和空间位置均有关系。值得注意的是，本课程研究的对象均属于**集总参数电路**。

2）电路模型

用导线将电路元件连接而形成的通路称为电路模型。电路模型必定具有理想电路所具备的特征。例如，元件的额定电压、额定电流或额定功率为无穷大，性能和参数值稳定、无误差等。电路理论研究的对象并非实际器件和电子系统，而是由理想的电路元件所组成的电路模型。

1.2.2　电路变量

1. 电压、电流、功率和能量

电压、电流、功率和能量是电学中的 4 个基本电路变量。我们应明确它们的定义和物理含义，并能在具体的电路模型中进行分析和求解，以掌握该电路内部和端口的电气性能。

2. 参考方向的作用

在**多个激励作用**且电路结构较为复杂的电路模型中，除已标注的电压源的电压极性和电流源的电流方向是确定的外,其余各支路的电压极性和电流方向均无法通过观察直接判断。在未知的情况下,如何确定各支路电压和支路电流的大小和方向呢?方法和步骤如下:

(1) 为各支路电压或电流假设参考方向。

(2) 根据设定的参考方向列写电路方程(KVL、KCL 或 VCR)。

若计算结果大于 0,说明假设的参考方向和实际方向相同;若计算结果小于 0,说明假设的参考方向和实际方向相反。

需要注意的是,参考方向和实际方向不必相同,实际的电流方向或电压极性也不会随参考方向的变化而变化。

1.2.3　基尔霍夫定律

绝大部分电路模型都可以利用基尔霍夫定律与元件的 VCR 方程进行电路响应的分析和求解。这是因为在这两类方程中包含了与电路拓扑结构和元件性质相关的所有信息,且方程均是独立的。基尔霍夫定律是集总参数电路中最重要的定律,是后续电路定理和分析方法推导的基础。

在串联或并联的电路结构中,利用串并联等效规律或分压分流公式可以对电路进行化简或分析求解。若电路非串并联结构,则以上方法无法解决该类电路问题。本章介绍的基尔霍夫定律可为上述电路问题提供解决方案。

基尔霍夫定律是电路理论中最基本也是最重要的定律。它包含两个定律:基尔霍夫电压定律(KVL)和基尔霍夫电流定律(KCL)。这两个定律可以分别利用能量守恒和电荷守恒推导得出。KVL 和 KCL 研究的对象分别是电路模型中的回路和节点。在针对回路或节点列写电路方程时,需要注意以下几个问题:

1. 基尔霍夫电压定律(KVL)

(1) 假设各支路(元件)电压的参考极性,选取顺时针(或逆时针)方向作为回路方向,若先遇到"+"极性,则电压符号为正,若先遇到"−"极性,则电压符号为负。

(2) 若支路电压需要用支路电流来表示,如电阻元件的电压表示为 $v=iR$,则判断 v 和已知的 i 呈关联参考方向;若表示为 $v=-iR$,则判断 v 和已知的 i 呈非关联参考方向。

(3) 在很多情况下,待分析的支路可能是回路的一部分,可以利用 KVL 的推论(即电路中任意两点间的电压等于与这两点间相连的任一支路中所有元件的电压降之和)进行快速分析和求解。

2. 基尔霍夫电流定律(KCL)

(1) 假设与节点相连的各支路电流的参考方向。列写电路方程时,一般认为流入节点的电流为正,流出节点的电流为负。

(2) 若支路电流需要用支路电压来表示,如电阻元件的电流表示为 $i=v/R$,则判断 i 和已知的 v 呈关联参考方向;若表示为 $i=-v/R$,则判断 i 和已知的 v 呈非关联参考方向。

(3) 闭合面可视为一个独立节点,流入闭合面的所有电流满足 KCL 关系。

1.2.4　电路元件及其电路应用

电路元件是组成电路模型的基本单元，本章介绍了电阻元件、独立源、受控源和理想集成运放四种电路元件。注意：受控源没有对应的实际器件，它的提出是为了辅助放大电路进行线性化建模和分析。

1. 电阻元件

电阻元件分为线性电阻和非线性电阻两类，每一类又分为时变和非时变两种。本书侧重于**线性非时变电阻**(简称线性电阻)的分析和应用。

1) 端口特性和电路模型

线性电阻元件的数学模型被称为欧姆定律。需要注意的是，在关联或非关联参考方向下，欧姆定律在应用时相差一个负号(－)，但不管参考方向如何假设，均不会影响最终的分析结果。

线性电阻的阻值 R 反映了电阻元件对电流的阻碍作用。它存在两种极限情况，即 $R=0$ 和 $R\to\infty$，分别等效于导线模型(短路模型)和断路模型(开路模型)。当 $R\neq0$ 且 $R\neq\infty$ 时，阻值 R 为恒定不变的常数，对应于一般模型(用线性电阻元件的符号表示)。

非线性电阻元件(例如二极管)的阻值 R 会随外加电压的变化而变化。理想的二极管可视为开关。当外加电压 $V_D>0$ 时，二极管正向导通，阻值 $R=0$，用短路模型代替二极管，代表开关闭合；当外加电压 $V_D<0$ 时，二极管反向截止，阻值 $R\to\infty$，用开路模型代替二极管，代表开关打开。

2) 电路应用

线性电阻在电路中的主要功能包括限流、分压、分流以及能量转换等。相比之下，非线性电阻的应用更为广泛。例如，二极管可以实现整流、钳位、检波和稳压等功能。

2. 独立源

1) 电路模型和端口特性

实际独立源和理想独立源模型的区别在于实际独立源必须考虑内阻 R_S。内阻 R_S 的大小决定了实际独立源驱动负载的能力，体现了电压源的恒压性能或电流源的恒流性能，如图 1.2 所示。

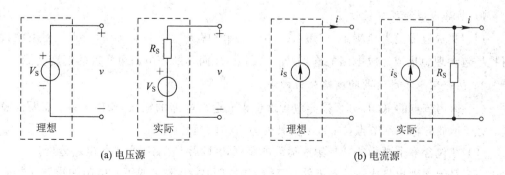

(a) 电压源　　　　　　　　　　　　　　　(b) 电流源

图 1.2　理想独立源和实际独立源

由于考虑了内阻因素，因此实际独立源端口的 VCR 方程比理想独立源要复杂一些，通过列写回路的 KVL 方程或节点的 KCL 方程，即可推导独立源端口的 VCR 方程，推导结论此处不再赘述。在包含独立源的电路中，需要为电压源支路列写 KVL 方程，为电流源支路列写 KCL 方程，再与电路中其余各支路的电路方程联立后即可进行电路的分析和求解。

2）电路应用

独立源在电路中起提供能量、信号源、直流偏置等作用。

3. (线性)受控源

1）电路模型和端口特性

受控源并非独立源，它反映了电路中某条支路电流或电压控制另一条支路电流或电压的关系。当受控源的控制变量为 0 时，受控电压源的电压为 0，用导线模型等效替代，受控电流源的电流为 0，用开路模型等效替代。当控制变量恒定不变时，受控电压源具有恒压特性，受控电流源具有恒流特性，在电路中起类似于独立源的作用。

2）受控源的电压、电流和功率分析

（1）包含受控电压源的支路，只能为其列写回路的 KVL 方程；包含受控电流源的支路，只能为其列写节点的 KCL 方程。通过联立方程组（其他回路的 KVL、其他节点的 KCL 及其他元件的 VCR），可以求解包含受控源支路的电路响应。

（2）受控源的功率等于受控支路的功率。因受控支路是一个二端元件，故其功率分析的方法和单口网络的功率分析方法相同，即 $P = v \times i$（关联）或 $P = -v \times i$（非关联）。若 $P_{受} > 0$，说明受控源吸收功率；若 $P_{受} < 0$，说明受控源对外提供功率。

4. 集成运放

集成运放复杂的内部电路结构非本章讨论的范畴，本章只关注集成运放输入/输出端钮处的电性能，并将其作为一个模块进行分析和应用。

因绝大多数电压型集成运放的性能符合或接近于理想运放的特性，故在初步设计电路时，常用集成运放的理想模型来代替，进行原理的分析和设计，再结合一些特殊的需求进行型号选择，这样可以大大降低电路分析和设计的难度。基于以上原因，本书研究的对象均为理想集成运放。

1）电路模型和端口特性

理想集成运放的端口满足"虚短"（$v_+ = v_-$）和"虚断"（$i_+ = i_- = 0$）特点，利用该特点可推导包含理想集成运放电路的输入/输出关系，从而判断该电路可实现的电路功能。

2）包含理想集成运放的电路分析方法

（1）运用节点的 KCL 方程推导包含理想集成运放电路的输入/输出关系。需要注意的是，对于运放的输出端节点，一般不为其列写 KCL 方程。

（2）在包含多个激励的理想集成运放电路中，可利用叠加原理进行电路分析。

（3）对于含理想集成运放的电路，其输入端口和输出端口的等效电阻的求解必须采用外加电源法。

3）电路应用

包含集成运放的电路可以实现运算、放大、滤波和振荡等电路功能。有兴趣的读者可以通过查阅资料了解具体的电路结构。

1.3　典型例题分析

【例 1.1】　已知电路如图 1.3 所示，列写回路①、②和③的 KVL 方程，列写节点①、②和③的 KCL 方程以及所有元件的 VCR 方程。

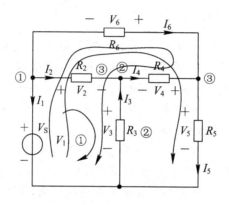

图 1.3　例 1.1 的电路图

题意分析：

在列写回路的 KVL 方程时，首先假设顺时针方向为回路的方向，如图 1.3 所示，然后按回路方向依次写出回路中所有元件的电压表达式。若先遇"＋"，再遇"－"，则电压符号为正（电压降）；反之，电压符号为负。按此方法，分别列写 3 个回路的 KVL 方程：

$$\begin{cases} V_2+V_3-V_1=0 \\ -V_6+V_5-V_1=0 \\ -V_6+V_4+V_3-V_1=0 \end{cases} \tag{1.1}$$

在列写节点的 KCL 方程时，一般假设流入节点的电流为正，流出节点的电流为负。按此方法，分别列写 3 个节点的 KCL 方程：

$$\begin{cases} -I_1-I_2-I_6=0 \\ I_2+I_3-I_4=0 \\ I_4+I_6-I_5=0 \end{cases} \tag{1.2}$$

电路中一共有 1 个独立电压源和 5 个电阻元件，分别列写每个电路元件的 VCR 方程：

$$\begin{cases} V_1=V_s, \ V_2=I_2R_2, \ V_3=-I_3R_3 \\ V_4=-I_4R_4, \ V_5=I_5R_5, \ V_6=-I_6R_6 \end{cases} \tag{1.3}$$

【例 1.2】　（1）求图 1.4(a)所示电路中的 V_{ab}；

（2）求图 1.4(b)所示电路中的 I_1、I_2、I_3、V_{ab} 和电阻 R。

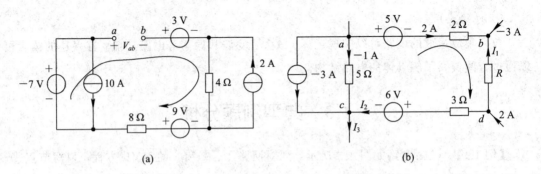

图 1.4　例 1.2 的电路图

题意分析：

（1）由 KVL 的推论可知，任意两个节点之间的电压等于与这两个节点相连的任意一条支路中所有元件电压之和。ab 两个节点间支路的选取要避开（受控）电流源支路。因为（受控）电流源的电压是未知的，需要假设新的变量，这会增加计算的复杂程度。因此在图 1.4(a) 中，选择的支路为：3 V 电压源→4 Ω 电阻→9 V 电压源→8 Ω 电阻→−7 V 电压源。根据 KVL 的推论，列写电路方程，可得

$$V_{ab} = -7 + V_{8\,\Omega} + 9 + V_{4\,\Omega} - 3 \tag{1.4}$$

由于 ab 端钮开路，因此端口电流为 0，即 $I_{8\Omega} = 0$ A。10 A 电流源和 −7 V 电压源构成回路，回路电流为 10 A。4 Ω 电阻和 2 A 电流源构成回路，回路电流为 2 A，故 $I_{4\Omega} = 2$ A（参考方向向下）。因此 $V_{ab} = -7 + 0 + 9 - 4 \times 2 - 3 = -9$ V。

（2）图 1.4(b) 中待求支路的电流均考虑用 KCL 来分析，分别针对节点 b、d 和 c 列写电路方程：

$$节点\,b：-3 + 2 + I_1 = 0,\ I_1 = 1\ \text{A} \tag{1.5}$$

$$节点\,d：1 - I_1 - I_2 = 0,\ I_2 = 0\ \text{A} \tag{1.6}$$

$$节点\,c：-3 + (-1) + I_2 - I_3 = 0,\ I_3 = -4\ \text{A} \tag{1.7}$$

利用 KVL 的推论可知：$V_{ab} = 5 + 2 \times 2 = 9$ V。式(1.5) 中已求得电阻 R 的电流 I_1，只要求出电阻 R 的电压，利用欧姆定律即可求得电阻值 R。选取图 1.4(b) 所示回路，列写回路的 KVL 方程：

$$5 + 2 \times 2 - R \times I_1 + 3 \times I_2 + 6 - 5 \times (-1) = 0,\ R = 20\ \Omega \tag{1.8}$$

【例 1.3】（1）求图 1.5(a) 所示电路中 1 A 电流源的功率 P_{1A}，并判断是吸收功率还是提供功率；

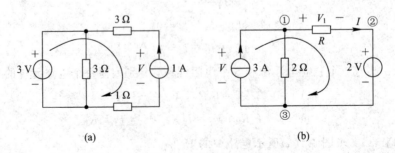

图 1.5　例 1.3 的电路图

(2) 如图 1.5(b)所示的直流电路中，已知 3 A 电流源产生的功率为 9 W，求电阻 R 的参数值。

题意分析：

(1) 要分析 1 A 电流源的功率，必须已知电流源的电压。假设 1 A 电流源的电压为 V，极性为上正下负，如图 1.5(a)所示。设顺时针方向为回路方向，列写回路的 KVL 方程：

$$-(3+1)\times 1+V+3=0 \tag{1.9}$$

解得 $V=1$ V。由于 1 A 电流源的电压与电流呈非关联参考方向，因此

$$P_{1A}=-V\cdot 1=-1\ \text{W}<0 \tag{1.10}$$

注意： P_{1A} 计算的结果是吸收功率值，故 1 A 电流源吸收功率-1 W，或提供功率 1 W。

(2) 3 A 电流源的电压 V 和电流 3 A 呈非关联参考方向，已知电流源产生的功率为 9 W（即吸收功率为-9 W）。将已知条件代入功率公式，可得

$$P=-VI_{3A}$$

即
$$-9=-V\times 3 \tag{1.11}$$

解得 $V=3$ V。要分析电阻 R 的参数值，需先求得其电压和电流。假设电阻 R 的电压为 V_1，极性左正右负，流经 R 的电流为 I，参考方向向右。选取大回路，并设顺时针方向为回路方向，如图 1.5(b)所示，列写回路的 KVL 方程：

$$V_1+2-V=0 \tag{1.12}$$

解得 $V_1=1$ V。列写节点①的 KCL 方程：

$$3-\frac{V}{2}-I=0 \tag{1.13}$$

解得 $I=1.5$ A。列写电阻元件 R 的 VCR 方程：

$$R=\frac{V_1}{I}=\frac{1}{1.5}=\frac{2}{3}\ \Omega \tag{1.14}$$

【例 1.4】 已知电路如图 1.6 所示。

(1) 电路中的受控源种类为何类型？$3V_1$ 中系数 3 的单位是什么？

(2) 已知 $V_1=2$ V，列写电路方程并计算 I 和 V_s；

(3) 求受控源和电压源的功率，并说明是吸收功率还是提供功率。

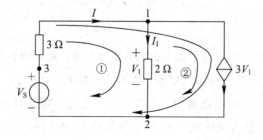

图 1.6　例 1.4 的电路图

题意分析：

（1）受控源的控制变量是 2 Ω 电阻两端的电压 V_1，受控支路是受控电流源，故该受控源类型为压控电流源。$3V_1$ 的单位是 A，V_1 单位是 V，故 $3V_1(\mathrm{A})/V_1(\mathrm{V})=3(\mathrm{S})$（西门子）。

（2）已知 2 Ω 电阻的电压为 V_1，利用欧姆定律求其电流，可得

$$I_1=\frac{V_1}{2}=\frac{2}{2}=1\ \mathrm{A} \tag{1.15}$$

节点 3 是传统节点，一般不为其列写 KCL 方程。剩下的 2 个节点中只有 1 个是独立的，故只需列写 1 或 2 其中一个节点的 KCL 方程即可。列写节点 1 的 KCL 方程：

$$I-I_1-3V_1=0$$

即

$$I=7\ \mathrm{A} \tag{1.16}$$

电压 V_s 的解需要通过列写 KVL 方程获得。选取回路①作为 KVL 方程列写的对象：

$$V_1-V_s+3I=0$$

即

$$V_s=23\ \mathrm{V} \tag{1.17}$$

（3）二端元件瞬时功率的计算，要注意其电压和电流的参考方向。若为关联参考方向，功率公式符号为正，若为非关联参考方向，功率公式符号为负。图 1.6 中电压源的电压 V_s 和电流 I 是非关联参考方向，而受控源的电压 V_1 和电流 $3V_1$ 是关联参考方向，故

$$\begin{cases} P_{\text{电压源}}=-V_s\cdot I=-23\times7=-161\ \mathrm{W}<0 & \text{提供功率}\\ P_{\text{受控源}}=V_1\cdot 3V_1=2\times3\times2=12\ \mathrm{W}>0 & \text{吸收功率} \end{cases} \tag{1.18}$$

【例 1.5】 已知电路如图 1.7 所示。

（1）请问网络 N_1 和网络 N_2 相连的导线上有没有电流？为什么？

（2）已知 $v=12\ \mathrm{V}$，求 i_s 及受控源的功率 $P_{\text{受}}$，并判断是吸收功率还是提供功率。

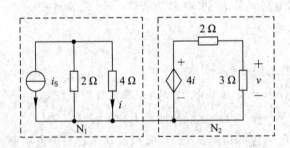

图 1.7　例 1.5 的电路图

题意分析：

（1）网络 N_1 和 N_2 均为闭合面，由 KCL 的推论可知，流入闭合面的电流代数和等于 0。由于网络 N_1 和 N_2 之间只有一根导线相连，故导线上的电流为 0。

（2）已知电路响应 v，求电路激励 i_s 和功率 $P_{\text{受}}$。通过倒推的方式进行电路分析，网络 N_2 中 3 Ω 电阻上的电压 v 是受控电压源 $4i$ 经串联电路分压得到的，运用分压公式，可得

$$v=4i\times\frac{3}{2+3} \tag{1.19}$$

解得 $i=5$ A。受控源的控制支路 i 是网络 N_1 中 4 Ω 电阻的电流。网络 N_1 是一个并联电路，应用分流公式，可推得电流源电流 i_S。

$$i=-i_S\frac{2}{2+4} \tag{1.20}$$

解得 $i_S=-15$ A。受控源的电压为 $4i$，受控源的电流用 3 Ω 电阻的电流 $v/3$ 表示，两者之间为非关联参考方向，故

$$P_{受}=-4i\times\frac{v}{3}=-80\text{ W}<0\quad\text{提供功率} \tag{1.21}$$

【例 1.6】 已知图 1.8 所示电路中的 A 为理想集成运放。

（1）请列举理想集成运放的两大基本特征；

（2）推导如图 1.8 所示电路中输入电压 v_{S1}、v_{S2} 和输出电压 v_o 之间的关系；

（3）设计电路参数，使电路的输入输出满足关系式 $v_o=-5v_{S1}+11v_{S2}$，其中电阻 R_1，R_2，$R_3\in[10\text{ k}\Omega,50\text{ k}\Omega]$。

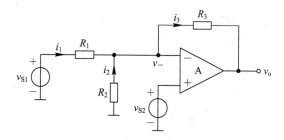

图 1.8　例 1.6 的电路图

题意分析：

（1）理想集成运放的两大基本特征是：虚短（$v_+=v_-$）和虚断（$i_+=i_-=0$）。

（2）由于 $i_+=i_-=0$，故集成运放反相输入端节点的 KCL 方程为

$$i_1+i_2-i_3=0$$

即

$$\frac{v_{S1}-v_-}{R_1}+\frac{0-v_-}{R_2}-\frac{v_--v_o}{R_3}=0 \tag{1.22}$$

又因虚短可知：

$$v_-=v_+=v_{S2} \tag{1.23}$$

将式（1.23）代入式（1.22）中可得

$$v_o=\left(1+\frac{R_3}{R_2}+\frac{R_3}{R_1}\right)v_{S2}-\frac{R_3}{R_1}v_{S1} \tag{1.24}$$

（3）要实现 $v_o=-5v_{S1}+11v_{S2}$，需满足关系：

$$\begin{cases}1+\dfrac{R_3}{R_2}+\dfrac{R_3}{R_1}=11\\[2mm]\dfrac{R_3}{R_1}=5\end{cases} \tag{1.25}$$

取 $R_1=10$ kΩ，则 $R_3=50$ kΩ，$R_2=10$ kΩ。

【**例 1.7**】　图 1.9 是一个包含理想集成运放的电流-电压转换电路。

（1）推导输出电压 v_o 与输入电流 i_S 之间的关系；

（2）当 $i_S = 0.2$ mA 时，求 v_o 的值。

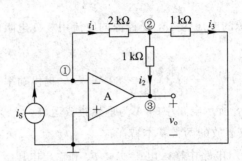

图 1.9　例 1.7 的电路图

题意分析：

（1）由理想集成运放的"虚短"和"虚断"特性可知：$v_1 = v_- = v_+ = 0$ 和 $i_+ = i_- = 0$。列写节点①和节点②的 KCL 方程：

$$\begin{cases} i_S = i_1 \\ i_1 - i_2 - i_3 = 0 \end{cases}$$

即

$$\begin{cases} i_S = i_1 \\ \dfrac{v_1 - v_2}{2000} - \dfrac{v_2 - v_o}{1000} - \dfrac{v_2 - 0}{1000} = 0 \end{cases} \tag{1.26}$$

又因 $i_1 = (v_1 - v_2)/2000$，故

$$v_o = -5000 i_S \tag{1.27}$$

（2）当 $i_S = 0.2$ mA 时，$v_o = -5000 i_S = -1$ V。

【**例 1.8**】　电路如图 1.10 所示，这是一个两级级联的理想集成运放电路。推导输入电压 v_S 和输出电压 v_o 之间的关系。

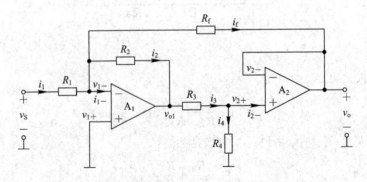

图 1.10　例 1.8 的电路图

题意分析：

这是一个两级级联的理想集成运放电路。要求推导第二级运放电路的输出电压 v_o 与第

一级运放电路的输入电压v_S之间的关系。对于多级电路，通常先推导每一级运放电路的输入信号和输出信号关系，经联立方程组后，获得第一级运放电路的输入信号和最后一级运放电路的输出信号之间的关系。注意，在分析过程中通常不针对集成运放的输出端节点列写 KCL 方程。

第一级运放电路：由"虚短"和"虚断"可知，$v_{1-}=v_{1+}=0$，$i_{1-}=i_{1+}=0$。列写 A_1 反相输入端节点的 KCL 方程：

$$i_1=i_2+i_f$$

即
$$\frac{v_S}{R_1}=\frac{0-v_{o1}}{R_2}+\frac{0-v_o}{R_f} \tag{1.28}$$

第二级运放电路：由"虚短"可知：$v_{2-}=v_{2+}$，故 $v_o=v_{2-}=v_{2+}$。由"虚断"可知：$i_{2-}=i_{2+}=0$。列写 A_2 同相输入端节点的 KCL 方程：

$$i_3=i_4$$

即
$$\frac{v_{o1}-v_{2+}}{R_3}=\frac{v_{2+}}{R_4} \tag{1.29}$$

联立式(1.28)和式(1.29)，化简可得

$$v_o=\frac{-\dfrac{R_2}{R_1}}{1+\dfrac{R_2}{R_f}+\dfrac{R_3}{R_4}}v_S \tag{1.30}$$

1.4　仿　真　软　件

1.4.1　Multisim14.0 仿真软件简介

20 世纪 80 年代，加拿大 Interactive Image Technologies 公司(简称 IIT 公司)，推出电子仿真软件 EWB5.0(Electronics workbench)。21 世纪初，加拿大 IIT 公司在保留原版本优点的基础上，将 EWB 软件更新换代为 Multisim(意为多重仿真)，并增加了更多的功能和内容。2005 年以后，加拿大 IIT 公司隶属于美国国家仪器公司(National Instrument，简称 NI 公司)。之后，美国 NI 公司相继推出了 Multisim 的系列版本。它沿袭了以往版本的优良传统，但软件的内容和功能已大不相同。本书以 Multisim14.0 为例，介绍集成开发环境：包括软件界面、主菜单和工具栏、元器件库的管理、元器件的基本操作、高级的仿真功能，以及虚拟仪表的使用等内容。

1. 软件主界面

正确安装好 Multisim14.0 仿真软件后，双击"Multisim"图标，即可启动软件主界面，如图 1.11 所示。启动软件后，系统将自动建立一个名为"Design1"的空白电路文件。点击菜单"File/Save"，输入新的文件名，即可保存文件。我们的电路仿真、分析和设计就从这里开始。

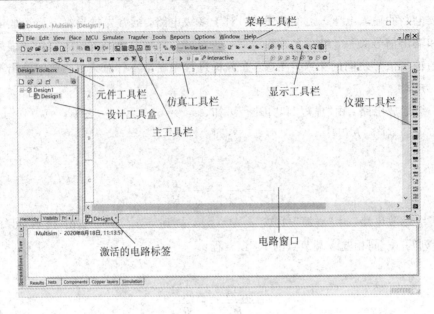

图 1.11　Multisim14.0 软件界面

　　软件主界面由电路窗口和各种工具栏组成。所有的工具栏都可以通过执行菜单"View/Toolbars/"被隐藏或显示。软件主界面中最大的工作区域是电路窗口。执行菜单"Options/Sheet Properties"命令，或者在电路窗口的空白处单击鼠标右键，再选"Properties"选项，均可弹出"Sheet Properties"对话框，如图 1.12 所示。对话框内有 7 个选项卡：Sheet visibility(图纸可见性)、Color(颜色)、Workspace(工作区)、Wiring(布线)、Font(字体)、PCB(印刷电路板)和 Layer settings(图层设置)。用户可以根据使用习惯设置电路窗口的背景颜色、尺寸和显示模式等内容。

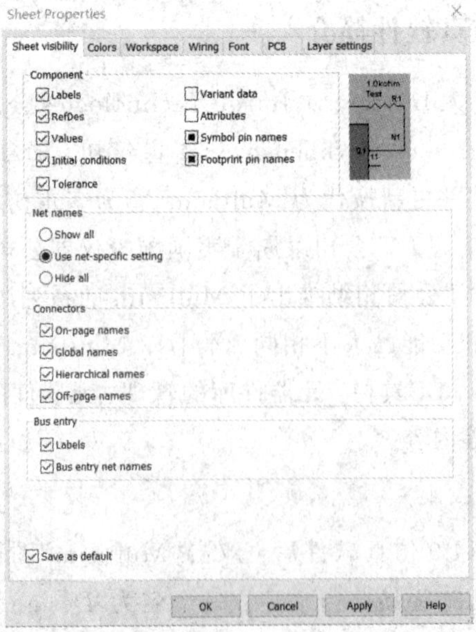

图 1.12　"Sheet Properties"对话框

2. 主菜单

图 1.13 为 multisim14.0 软件的主菜单，从左至右依次为：File(文件)、Edit(编辑)、View(窗口)、Place(放置)、MCU(微控制器)、Simulate(仿真)、Transfer(文件输出)、Tools(工具)、Reports(报告)、Options(选项)、Window(窗口)和 Help(帮助)。图 1.14(a)～(l) 是主菜单中的操作命令，执行菜单命令可以实现软件的所有操作。

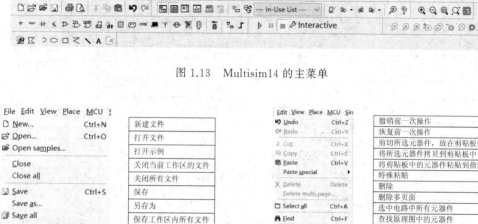

图 1.13　Multisim14 的主菜单

File(文件)菜单	
New...	Ctrl+N	新建文件
Open...	Ctrl+O	打开文件
Open samples...		打开示例
Close		关闭当前工作区的文件
Close all		关闭所有文件
Save	Ctrl+S	保存
Save as...		另存为
Save all		保存工作区内所有文件
Export template...		导出模板
Snippets	▶	代码段
Projects and packing	▶	项目与包装
Print...	Ctrl+P	打印工作区内的原理图
Print preview		打印预览
Print options	▶	打印选项
Recent designs	▶	打开最近打开过的文件
Recent projects	▶	打开最近打开过的项目
File information	Ctrl+Alt+I	文件信息
Exit		退出

(a) File(文件)菜单

Edit(编辑)菜单	
Undo	Ctrl+Z	撤销前一次操作
Redo	Ctrl+Y	恢复前一次操作
Cut	Ctrl+X	剪切所选元器件，放在剪贴板中
Copy	Ctrl+C	将所选元器件拷贝到剪贴板中
Paste	Ctrl+V	将剪贴板中的元器件粘贴到指定位置
Paste special	▶	特殊粘贴
Delete	Delete	删除
Delete multi-page...		删除多页面
Select all	Ctrl+A	选中电路中所有元器件
Find	Ctrl+F	查找原理图中的元器件
Merge selected buses...		合并所选总线
Graphic annotation	▶	图形注释
Order	▶	顺序选择
Assign to layer	▶	图层赋值
Layer settings		图层设置
Orientation	▶	元器件旋转方向选择
Align	▶	校准
Title block position	▶	工程图明细表位置
Edit symbol/title block		编辑符号/工程明细表
Font		字体对话框
Comment		注释
Forms/questions		格式/问题
Properties	Ctrl+M	所选元件属性编辑

(b) Edit(编辑)菜单

View(窗口)菜单	
Full screen	F11	全屏显示
Parent sheet		参数列表
Zoom in	Ctrl+Num +	放大电路的原理图
Zoom out	Ctrl+Num -	缩小电路的原理图
Zoom area	F10	以100%的比率来显示电路窗口
Zoom sheet	F7	缩放工作表
Zoom to magnification...	Ctrl+F11	按比例缩放
Zoom selection	F12	缩放所选内容
Grid		显示或关闭窗格
Border		显示或关闭边界
Print page bounds		打印页面边界
Ruler bars		显示或关闭标尺
Status bar		显示或关闭状态栏
Design Toolbox		显示或关闭设计工具箱
Spreadsheet View		显示或关闭电子表格视图
SPICE Netlist Viewer		SPICE的网络列表视图
LabVIEW Co-simulation Terminals		Labview联合仿真项目
Circuit Parameters		显示或关闭电路参数
Description Box	Ctrl+D	显示或关闭电路描述框
Toolbars	▶	显示或关闭工具箱
Show comment/probe		显示或关闭注释/标注
Grapher		显示或关闭图形编辑器

(c) View(窗口)菜单

Place(放置)菜单	
Component...	Ctrl+W	放置元器件
Probe	▶	放置探针
Junction	Ctrl+J	放置连接点
Wire	Ctrl+Shift+W	放置导线
Bus	Ctrl+U	放置总线
Connectors	▶	放置输入输出连接器
New hierarchical block...		放置分层模块
Hierarchical block from file...	Ctrl+H	从文件中放置层次模块
Replace by hierarchical block...	Ctrl+Shift+H	替换层次模块
New subcircuit...	Ctrl+B	新建子电路
Replace by subcircuit...	Ctrl+Shift+B	子电路替换
Multi-page...		设置多页电路
Bus vector connect...		总线矢量链接
Comment		注释
Text	Ctrl+Alt+A	放置文字
Graphics	▶	放置图形
Circuit parameter legend		电路参数图例
Title block...		放置标题信息栏

(d) Place(放置)菜单

MCU Simulate Transfer Tools	
No MCU component found	找不到MCU元器件
Debug view format ▶	调试视图格式
MCU windows...	MCU窗口
Line numbers	显示线路数目
Pause	暂停
Step into	进入
Step over	跨过
Step out	退出
Run to cursor	运行到指针
Toggle breakpoint	设置断点
Remove all breakpoints	移除所有的断点

(e) MCU(微控制器)菜单

Simulate Transfer Tools Reports O	
Run F5	运行仿真
Pause F6	暂停仿真
Stop	停止仿真
Analyses and simulation	选择仿真分析方法
Instruments ▶	选择仪器仪表
Mixed-mode simulation settings...	混合模式仿真设置
Probe settings...	探头设置
Reverse probe direction	反向探针方向
Locate reference probe	定位参考探针
NI ELVIS II simulation settings	NI ELCIS仿真设置
Postprocessor...	启动后处理器
Simulation error log/audit trail...	电路仿真错误记录/检查数据跟踪
XSPICE command line interface...	XSPICE命令行界面
Load simulation settings...	加载仿真设置
Save simulation settings...	保存仿真设置
Automatic fault option...	自动故障选择
Clear instrument data	清除仪器数据
Use tolerances	使用公差

(f) Simulate(仿真)菜单

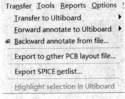

Transfer Tools Reports Options	
Transfer to Ultiboard ▶	将电路图传送给Ultiboard
Forward annotate to Ultiboard ▶	创建Ultiboard注释文件
Backward annotate from file...	从文件向后注释
Export to other PCB layout file...	导出到其他PCB布局文件
Export SPICE netlist...	导出SPICE网络列表
Highlight selection in Ultiboard	加亮所选择的Ultiboard

(g) Transfer(文件输出)菜单

Tools Reports Options Window H	
Component wizard	元器件编辑器
Database ▶	数据库
Variant manager	变量管理器
Set active variant...	激活变量
Circuit wizards ▶	电路编辑器
SPICE netlist viewer ▶	SPICE网络列表查看器
Advanced RefDes configuration...	高级参照标示元件配置
Replace components...	替换电路元件
Update components...	更新电路元件
Update subsheet symbols	更新子表符号
Electrical rules check...	电气规则检查
Clear ERC markers...	清除ERC标记
Toggle NC marker	设置NC标记
Symbol Editor	符号编辑器
Title Block Editor	标题栏编辑器
Description Box Editor	电路描述栏编辑器
Capture screen area	捕获屏幕区域
Online design resources ▶	在线设计资源

(h) Tools(工具)菜单

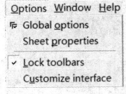

Reports Options Window I	
Bill of Materials	材料明细表
Component detail report	元器件详细参数报告
Netlist report	网络表报告
Cross reference report	元器件交义参照表
Schematic statistics	统计报告
Spare gates report	未用门电路报告

(i) Reports(报告)菜单

Options Window Help	
Global options	全局选项
Sheet properties	图纸属性设置
Lock toolbars	锁定工具栏
Customize interface	用户界面设置

(j) Options(选项)菜单

Window Help	
New window	建立新窗口
Close	关闭窗口
Close all	关闭所有窗口
Cascade	层叠窗口
Tile horizontally	窗口水平平铺
Tile vertically	窗口垂直平铺
1 Design1 *	当前窗口名称
Next window	下一个窗口
Previous window	前面一个窗口
Windows...	窗口对话框

(k) Window(窗口)菜单

Help	
Multisim help F1	Multisim帮助
NI ELVISmx help	NI ELVISmx帮助
New Features and Improvements	新特性和改进
Getting Started	入门
Patents	专利权
Find examples...	NI示例查找器
About Multisim	关于Multisim

(l) Help(帮助)菜单

图 1.14　Multisim14.0 子菜单中的操作命令

3. 元器件库的管理

Multisim14.0 的元器件存储在不同的数据库中。在电路窗口的空白区域单击鼠标右键，选择快捷键菜单"Place Component"选项，弹出"Select a Component"对话框，如图 1.15 所示。在 Database 下拉式列表框中有三组选项，分别是：Master Database(主数据库)、Corporate Database(公共数据库)和 User Database(用户数据库)。Master Database 用于存放信息完整且不可编辑的元器件；Corporate Database 中是由某些用户、公司创建或经修改过的元器件，适用于其他用户；User Database 用于存储用户自定义的元器件，仅限用户本人使用。初次使用时，User Database 和 Corporate Database 是空的，用户可以在其中存储经自己编辑过的常用元器件，但不允许在 Database(主数据库)中删除或添加元器件。

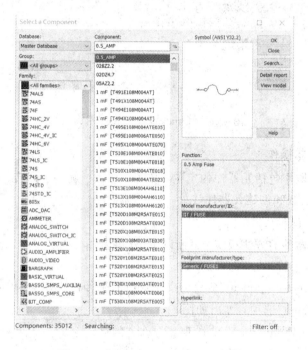

图 1.15　"Select a Component"对话框

Multisim14.0 的 Master Database 中为用户提供了大量的元器件库。包括：Sources(信号源元器件)、Basic(基础元器件)、Diodes(二极管类元器件)、Transistors(晶体管类元器件)、Analog(模拟元器件)、TTL(晶体管逻辑元器件)、CMOS(金属氧化物半导体元器件)、MCU(微控制器模块)、Advanced Peripherals(高级外围设备)、Misc Digital(混合数字元器件)、Mixed(混合元器件)、Indicators(显示元器件)、Power(电源元器件)、Misc(混合元器件)、RF(射频元器件)、Electro-mechanical(电动机械器件)、Connectors(连接器)和 NI Component(NI 元器件)。

在 Multisim14.0 中，元器件库的管理是通过对"Database Manager"(数据库管理器)的操作来实现的。执行菜单"Tool/Database/Database Manager"命令，弹出"Database Manager"对话框，如图 1.16 所示。在该对话框中可以实现对元器件的复制、删除、筛选、保存、库间移动、修改用户自定义的信息标题及注释、显示数据库信息等功能的操作。

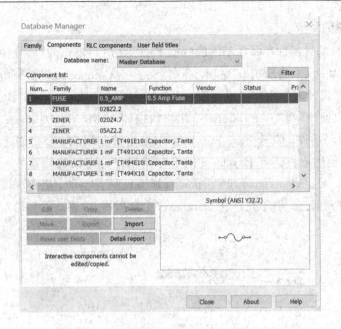

图 1.16　"Database Manager"对话框

4. 元器件的基本操作

元器件的基本操作包括元器件的定位、放置、移动、旋转、翻转、剪切、复制、粘贴、删除、配线、属性设置和创建元器件等。

1）元器件的定位和放置

定位和放置元器件的方法很多，下面以 1 kΩ 电阻和 74LS00N 二输入与非门为例进行介绍。

执行菜单"Place/Component"命令，或在空白的工作区中单击鼠标右键，执行快捷键菜单"Place Component"选项，弹出如图 1.17 所示的"Select a Component"对话框。选择"Database/Master Database"，在"Group"下拉式列表框中，选择"Basic/RESISTOR"子库，在右侧"Component"列表框中会列出所有电阻元器件的标称值。在"Component"文本框中输入"1 k"，即可找到 1 kΩ 的电阻。在右侧 Symbol 中也会出现相应的电路符号，按下"OK"键即可放置元件。

如果不能确定被调用的元器件所在的库，但已知元器件的型号，可以在弹出"Select a Component"对话框中，单击右侧"Search"按钮，弹出"Component Search"对话框，如图 1.18 所示。在"Component"文本框中输入元器件名称，如"74LS00N"，单击

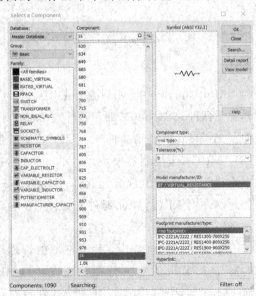

图 1.17　"Select a Component"对话框

"Search"按钮，弹出"Search Result"对话框，如图 1.19 所示。对话框中包含了元器件的符号（Symbol）、模型制造商（model manufacturer）和 Footprint（封装）等信息。选中"Components/74LS00N［74LS］"，单击"OK"按钮，返回到"Select a Component"对话框中，再按下"OK"按钮。在放置元件的过程中，鼠标可自由拖动被放置的元器件，并悬浮在电路窗口中。在电路窗口合适的位置上单击鼠标左键，即可放置元器件了。如要取消放置，按下鼠标右键即可。

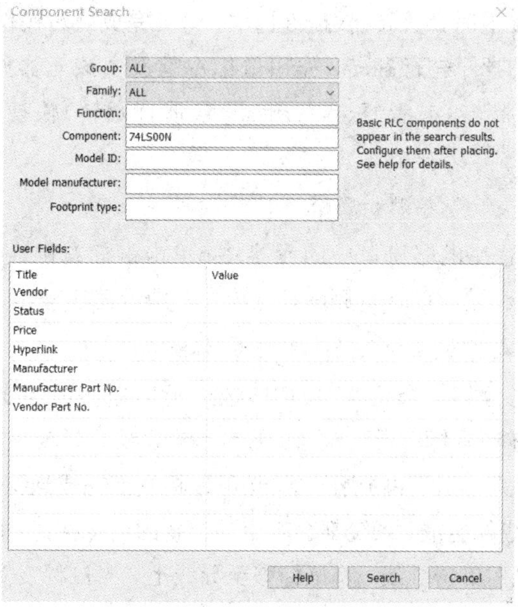

图 1.18　"Component Search"对话框

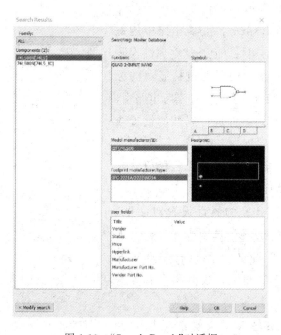

图 1.19　"Search Result"对话框

2）元器件的移动、旋转和翻转

若要对被放置的元器件进行**移动**，先用鼠标左键选中该元器件，按住左键在电路窗口中拖动至目的地即可。

若要对被放置的元器件进行**旋转**，先用鼠标左键选中该元器件，此时元器件周围出现蓝色虚线方框。单击鼠标右键，选择"Rotate 90° clockwise"（90 度顺时针旋转）或者"Rotate 90° Counter clockwise"（90 度逆时针旋转）快捷键选项，即可完成旋转操作。

若要对被放置的元器件进行**翻转**，先用鼠标左键选中该元器件，单击鼠标右键，选择"Flip horizontally"（水平翻转）或者"Flip vertically"（垂直翻转）快捷键选项，即可完成翻转操作。

3）元器件的剪切、复制、粘贴和删除

用鼠标左键选中放置在电路窗口中的元器件，单击鼠标右键，选择快捷键菜单"Cut（剪切）/Copy（复制）/Paste（粘贴）/Delete（删除）"选项之一即可完成操作。

4）元器件的配线、属性设置和创建元器件等

（1）**配线**。把鼠标移至第一个元器件的引脚处，此时鼠标箭头变为"十字中心加黑点"的形状。单击鼠标左键，拖动鼠标可看到跟随的导线。若导线需要转弯，在转弯处单击鼠标左键即可。直到导线被拖至另一元器件的引脚处，按下鼠标左键完成连接。若要取消连接，单击鼠标右键即可。每一根配线的生成，系统都会产生一个新的网络标记。网络标记会自动生成，也可以手工设置（如：用鼠标单击导线，将鼠标移至导线上，当鼠标变为双箭头时，单击鼠标右键，选择快捷键菜单"Properties"选项，弹出"Net Properties"对话框，即可对网络标记的名称进行修改）。若要隐藏网络标记，执行菜单"Options/Sheet Properties"命令，在"Net Names"选项组中设置为"Hide all"即可。

（2）**属性设置**。Multisim14.0 仿真电路中的每一个元器件都拥有自己的**属性**，但是这些属性仅限于被使用的元器件。元器件的属性包括显示的标签、元器件的模型、封装和参数等。在实际电路中，需要对不同仿真电路的元器件进行属性的设置或修改。

例如，双击型号为 2N2222A 的三极管，或选中元器件后单击鼠标右键后选择"Properties"选项，均可弹出 BJT_NPN 的属性设置对话框，如图 1.20 所示。在 Value（值）选项卡中，提供了元器件的模型信息。2N2222A 三极管是真实的元器件，可以凭借型号、封装、数值和厂家等信息在市场上购买到。

Multisim14.0 中还存放了大量的虚拟元器件，这些元器件的参数可以根据需要进行修改。

图 1.20　BJT_MPN

虚拟元器件存放在元器件库，显示为绿色图标且后缀为"Virtual"的子库中。以虚拟电阻为例进行介绍，在电路窗口中放置虚拟电阻（Basic /Rated virtual/Resistor rated），双击电阻图标，弹出"Resistor Rated"对话框，如图 1.21 所示。与实际电阻不同是，在 Value 选项卡中电阻的阻值、额定功率、环境温度等参数都是可以修改的。修改完参数后，按下"OK"按钮完成对元器件属性的设置。

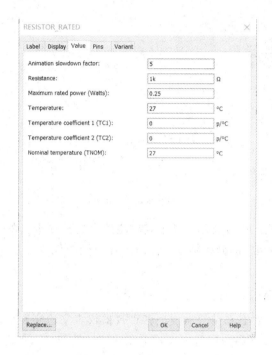

图 1.21　Resister rated

（3）**创建元器件**。创建元器件的步骤相对比较复杂，读者可以参考 multisim14.0 教程进行学习。

5. 高级的仿真功能

Multisim14.0 提供了 20 种混合电路的高级仿真功能。在现实中进行这些分析是非常困难的，甚至是无法实现的，但在 Multisim14.0 环境中可以实现这些分析功能，以便更好地掌握和预测电路性能。点击菜单 Simulate/Analyses and Simulation，弹出 Analyses and Simulation 对话框，如图 1.22 所示。左侧框内显示了 20 种仿真功能，分别是：Interactive Simulation（交互式仿真）、DC Operating Point（直流工作点分析）、AC Sweep（交流扫描分析）、Transient（瞬态分析）、DC Sweep（直流扫描分析）、Single Frequency AC（单频率交流分析）、Parameter Sweep（参数扫描分析）、Noise（噪声分析）、Monte Carlo（蒙特卡罗分析）、Fourier（傅里叶分析）、Temperature Sweep（温度扫描分析）、Distortion（失真度分析）、Sensitivity（灵敏度分析）、Worst Case（最坏情况分析）、Noise Figure（噪声系数分析）、Pole Zero（极点-零点分析）、Transfer Function（传递函数分析）、Trance Width（布线宽度分析）、Batched（批处理分析）和 User-Defined（用户自定义分析）。

图 1.22　Analyses and Simulation 对话框

　　选中任一仿真功能，右侧就会出现相应功能的设置选项卡。在完成扫描设置之后，按下"Run"按钮，会得到相应的分析结果。各种仿真功能的设置方法可参考 multisim14.0 教程进行学习。

6. 虚拟仪表的使用

　　电路仿真时的运行状态和结果需要用各种仪器仪表来检测和显示。Multisim14.0 中提供了 21 种虚拟仪器仪表，虚拟仪器仪表从电路连接到面板显示和设置操作，都与用户在实验室里见到的设备一样，而且这些仪器仪表可以在 Multisim 中被重复调用。

　　若在 Multisim14.0 的启动界面中没有出现虚拟仪器仪表工具栏，可以执行菜单"View/Toolbars/Instruments"命令，弹出或隐藏虚拟仪器仪表工具栏，如图 1.23 所示。

21 种虚拟仪器仪表包括：Multimeter（数字万用表）、Function Generator（函数信号发生器）、Wattmeter（瓦特表）、Oscilloscope（双通道示波器）、Four Channel Oscilloscope（四通道示波器）、Bode Plotter（波特仪）、Frequency counter（频率计数器）、Word Generator（字信号发生器）、Logic Analyzer（逻辑分析仪）、Logic converter（逻辑转换器）、IV-Analyzer（I-V 分析仪）、Distortion Analyzer（失真度分析仪）、Spectrum Analyzer（频谱分析仪）、Network Analyzer（端口网络分析仪）、Agilent Function Generator（Agilent 函数信号发生器）、Agilent Multimeter（Agilent 万用表）、Agilent Oscilloscope（Agilent 数字示波器）、LabVIEW Instrument（采样仪器）、NI ELVISmx instruments（电磁仪器）、Tektronix Oscilloscope（Tektronix 数字示波器）和 Current clamp（电流钳）。

图 1.23　Instruments 列表

　　在 Instruments 工具栏中选择合适的虚拟仪器仪表，然后接入电路，双击仪器仪表的图标，在弹出的面板中进行合理设置，再运行仿真按钮，即可显示被测数据或波形。当多个仪器仪表同时接入电路时，其仿真结果互不干扰。仿真结束后，在保存电路文件的同时，可以选择保存或不保存电路的仿真结果。

1.4.2　仿真的目的和意义

　　通过实验的方法可以验证电路理论分析的结果。实验方法包括：硬件电路实验测试和虚拟仿真电路实验测试。硬件电路实验测试的好处是物理真实性，接近于实际应用场景，可以加深感性认识；其缺点是需要真实的实验场地和设备，实验成本较高，且受到实验条件的限制，如较难实现包含受控源和电流源等实际器件的电路测量。而虚拟仿真电路实验测试方法的优势是可以在软件(如 Multisim)中快速地创建电路并测试电路特性，以此预测和分析实际电路的性能。此外，Multisim 拥有丰富的元器件库(包括虚拟器件和实际器件的模型)、多种电路仿真分析方法和虚拟仪器仪表，特别适合电路类课程的辅助分析和设计。应用 Multisim 系列仿真软件对电路进行测量、验证、分析和探究，可以加深初学者对电路基本概念、电路理论和分析方法的理解和应用，培养学生实践动手能力和工科思维能力。

1.5　仿 真 实 例

1.5.1　基尔霍夫定律的验证

1. 含源线性电路

　　电路原理图如图 1.24(a)所示，该电路中包含独立电压源、电流源、电阻和受控源四种电路元件。在 Multisim14.0 仿真软件的空白工作区域中，放置电路元件，并进行电路连接，如图 1.24(b)所示。其中 10 V 电压源存放在 Sources/Power sources/DC Power 中，0.5 A 电流源存放在 Sources/Signal current sources/DC current 中，压控电压源存放在 Sources/Controlled voltage sources/Voltage controlled voltage source 中，电阻 $R_1 \sim R_5$ 存放在 Basic/Resistor中。执行菜单 Place/Probe/Current，按图 1.24(a)所示的电流参考方向放置电流探针，如图 1.24(b)所示。执行菜单"Simulate/Run"，获得如图 1.24(b)所示的探针读数，并记录在表 1.2 中。

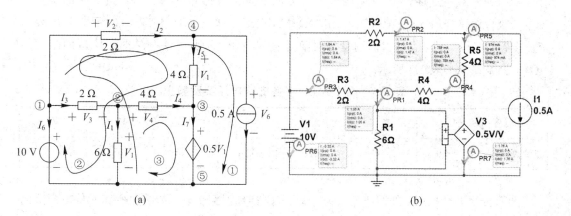

(a)　　　　　　　　　　　　　　　　　　　(b)

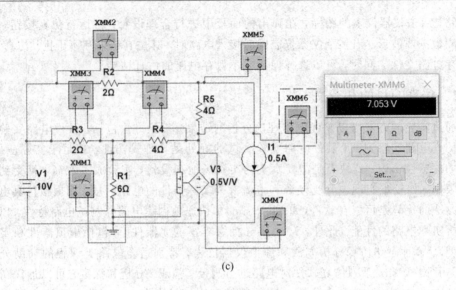

(c)

图 1.24　含源线性电路

表 1.2　图 1.24(b)中各支路电流实测数据

测量项目	I_1	I_2	I_3	I_4	I_5	I_6	I_7
测量数据	1.05 A	1.47 A	1.84 A	789 mA	974 mA	-3.32 A	1.76 A

列写节点①～④的 KCL 方程，并将表 1.2 中数据代入其中，可得

$$\begin{cases} -I_2-I_3-I_6=-1.47-1.84-(-3.32)\approx 0 \\ I_3-I_4-I_1=1.84-0.789-1.05\approx 0 \\ I_5+I_4-I_7=0.974+0.789-1.76\approx 0 \\ I_2-I_5-0.5=1.47-0.974-0.5\approx 0 \end{cases} \tag{1.31}$$

仿真实验结果证明：一个包含电阻元件、独立源和受控源的线性网络，电路中各节点均满足 KCL 关系。选择菜单"Simulate/Instruments/Multimeter"，将万用表设置为"测量电压"模式，并接在除电压源之外的所有二端元件的两端，用来测量二端元件的端电压，如图 1.24(c)所示。注意接入时支路电压参考方向的正负极性和万用表的正负极性的位置要对应。执行菜单"Simulate/Run"，双击"XMM6"图标，弹出如图 1.24(c)所示的万用表面板。设置"V"和"—"，表示当前测量的对象是直流电压。按此方法测量图中所示的各支路电压，测量结果如表 1.3 所示。

表 1.3　图 1.24(c)中各支路电压实测数据

测量项目	V_1	V_2	V_3	V_4	V_5	V_6	V_7
测量数据/A	6.316	2.947	3.684	3.158	3.895	7.053	3.158

选取任意 3 个回路，如图 1.24(a)所示。分别推导回路①、②和③中所有元件电压降的

代数和，并将表 1.3 中数据代入其中（注意：$V_1 \sim V_7$ 分别代表 XMM1～XMM7 表的读数），可得

$$\begin{cases} V_2 + V_6 - V_1 - V_3 = 2.947 + 7.053 - 6.316 - 3.684 = 0 \\ V_2 + V_5 - V_4 + V_1 - 10 = 2.947 + 3.895 - 3.158 + 6.316 - 10 = 0 \\ 0.5V_1 - V_1 + V_4 = 0.5 \times 6.316 - 6.316 + 3.158 = 0 \end{cases} \quad (1.32)$$

仿真实验结果证明：一个包含电阻元件、独立源和受控源的线性网络，电路中各回路均满足 KVL 关系。

2. 含源非线性电路

根据如图 1.25（a）所示电路创建仿真电路，如图 1.25（b）和（c）所示。这是一个包含二极管的非线性电路，其中流控电压源存放在 Sources/Controlled voltage sources/Current controlled voltage source 中，二极管存放在 Diodes/diode/1N4001 中。

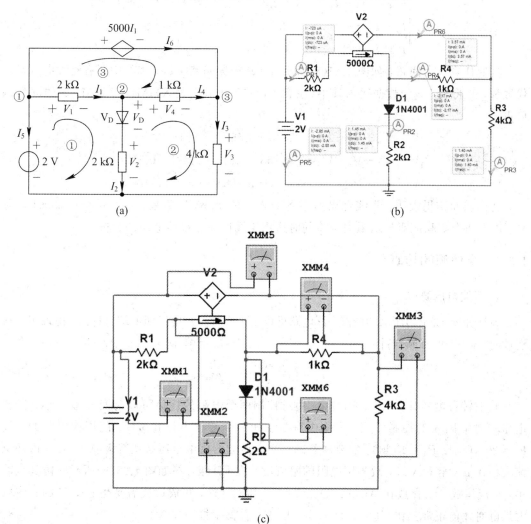

图 1.25　含源非线性电路

根据仿真电路，测得各支路电压和电流大小如表 1.4 和表 1.5 所示。

表 1.4　图 1.25(b)中各支路电流实测数据

测量项目	I_1	I_2	I_3	I_4	I_5	I_6
测量数据/mA	−0.723	1.45	1.40	−2.17	−2.85	3.57

表 1.5　图 1.25(c)中各支路电压实测数据

测量项目	V_1	V_2	V_3	V_4	V_5	V_6
测量数据/V	−1.445	2.891	5.614	−2.168	−3.614	0.555

列写节点①～③各节点的 KCL 方程，并将表 1.4 中数据代入其中，可得

$$\begin{cases} -I_5-I_1-I_6=-(-2.85)-(-0.723)-3.57\approx0 \\ I_1-I_2-I_4=(-0.723)-1.45-(-2.17)\approx0 \\ I_6+I_4-I_3=3.57+(-2.17)-1.40=0 \end{cases} \tag{1.33}$$

选取任意 3 个回路，如图 1.25(a)所示。分别推导回路①、②和③中所有元件电压降的代数和，并将表 1.5 中数据代入其中(注意 V_1～V_6 分别代表 XMM1～XMM6 表的读数)，可得

$$\begin{cases} V_1+V_6+V_2-2=-1.445+0.555+2.891-2\approx0 \\ V_4+V_3-V_2-V_6=-2.168+5.614-2.891-0.555=0 \\ V_5-V_4-V_1=-3.614-(-2.168)-(-1.445)\approx0 \end{cases} \tag{1.34}$$

仿真实验结果表明：非线性电路中各节点均满足 KCL 关系，各回路均满足 KVL 关系。以上两个实验证明基尔霍夫定律同时适用于线性和非线性电路的分析。

1.5.2　受控源的仿真

1. 压控电压源

设计如图 1.26(a)所示的电路，该电路可以用来模拟压控电压源的端口特性。由理想集成运放的"虚短"和"虚断"特性可知，$v_i=v_+=v_-$，$i_+=i_-=0$，而 $v_-=v_oR_2/(R_1+R_2)$，故

$$v_o=\left(1+\frac{R_1}{R_2}\right)v_i=\mu v_i \tag{1.35}$$

其中转移电压比 $\mu=1+R_1/R_2$，通过控制两个电阻的比值可以改变 μ 值大小，实现电压 v_i 对电压 v_o 的控制作用。本例中需要设计一个转移电压比 $\mu=3$ 的压控电压源，设 $R_1=20$ kΩ，则 $R_2=10$ kΩ。需要注意的是集成运放的供电电压是伏特级(V)，芯片内部电流大小在 μA 至 mA 级，故外围电阻的阻值设计在 kΩ 级。在如图 1.26(b)所示的仿真电路中，集成运放 741 存放在 Analog/Opamp/741 中。另外，集成运放需要在 ±15 V 的直流电源供电时才能正常工作(其中引脚 7 接 +15 V，引脚 4 接 −15 V)。

(1) 创建仿真电路，如图 1.26(b)所示。固定负载电阻 $R_L=1$ kΩ，调节电压源 v_i 的大小，使其在 1～6 V 内变化，测量 v_o 的值，计算相应 μ 值，并填入表 1.6 中。

表 1.6 压控电压源转移特性测试

v_i/V	1	2	3	4	4.7	5	6
v_o/V	3.00	6.00	9.00	12.0	14.1	14.1	14.1
μ	3	3	3	3	3	2.82	2.35

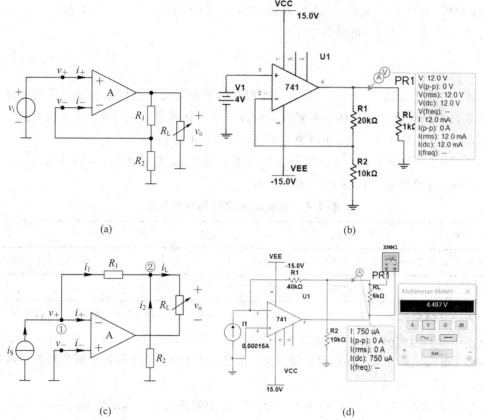

图 1.26 受控源的仿真

由仿真结果可知，当输入电压 $v_i \in [1\ \text{V}, 4.7\ \text{V}]$ 区间变化时，输出电压 v_o 受到输入电压 v_i 的控制，其比例系数为常数 3。当输入电压 $v_i > 4.7\ \text{V}$ 时，输出电压 v_o 和输入电压 v_i 的比值不再满足 3 倍关系。究其原因是：当输入信号 v_i 过大时，集成运放进入传输特性的非线性区域，输出电压为运放的饱和电平，即 $v_o = 14.1\ \text{V}$。

（2）保持输入电压 $v_i = 2\ \text{V}$ 不变，令 R_L 的阻值从 1～6 kΩ 范围内变化，测量负载 R_L 的电压 v_o 和电流 i_L，填入表 1.7 中。

表 1.7 压控电压源负载特性测试

R_L/kΩ	1	2	3	4	5	6
v_o/V	6	6	6	6	6	6
i_L/mA	6	3	2	1.5	1.2	1

由表 1.7 可知，当输入电压 v_i 固定时，无论负载 R_L 如何变化，输出电压 v_o 保持不变。这说明输出电压 v_o 只受输入电压 v_i 的控制，体现了受控源的单向控制作用。

2. 流控电流源

设计如图 1.26(c) 所示的电路，该电路可以用来模拟流控电流源的端口特性。由集成运放的"虚断"特性可知：$i_+ = i_- = 0$，在节点①处应用 KCL，可得 $i_S = i_1$。在节点②处应用 KCL，可得：$i_1 + i_2 - i_L = 0$。由集成运放的"虚短"可知 $v_+ = v_- = 0$，故 $v_{R1} = v_{R2}$，即 $i_1 R_1 = i_2 R_2$。综上所述，可得

$$i_L = \left(1 + \frac{R_1}{R_2}\right) i_S = \alpha i_S \tag{1.36}$$

其中转移电流比 $\alpha = 1 + R_1 / R_2$，通过控制两个电阻的比值可以改变 α 值的大小，实现电流 i_S 控制电流 i_L 的作用。本例中需要设计一个转移电流比 $\alpha = 5$ 的流控电流源，设 $R_1 = 40 \text{ k}\Omega$，则 $R_2 = 10 \text{ k}\Omega$，仿真电路如图 1.26(d) 所示。

(1) 固定负载电阻 $R_L = 1 \text{ k}\Omega$，调节电流源 i_S 的大小，使其在 $0.1 \sim 0.4 \text{ mA}$ 内变化，测量 i_L 的值，计算相应 α 值，并填入表 1.8 中。

表 1.8　流控电流源转移特性测试

i_S/mA	0.1	0.15	0.2	0.25	0.28	0.35	0.4
i_L/mA	0.4995	0.7495	0.9995	1.25	1.4	1.75	1.811
α	4.995	4.997	4.998	5	5	5	4.528

由仿真结果可知，当输入电流 $i_S \in [0.1 \text{ mA}, 0.35 \text{ mA}]$ 区间内变化时，负载电流 i_L 受到输入电流 i_S 的控制，i_L / i_S 的比例系数为常数 5。当输入电流 $i_S > 0.35 \text{ mA}$ 时，负载电流 i_L 和输入电流 i_S 的比值不再满足 5 倍关系。这也是由集成运放传输特性的非线性特性所造成的。

(2) 保持输入电压 $i_S = 0.15 \text{ mA}$ 不变，令 R_L 的阻值在 $1 \sim 6 \text{ k}\Omega$ 范围内变化，测量负载 R_L 的电压 v_o 和电流 i_L，并填入表 1.9 中。

表 1.9　流控电流源负载特性测试

R_L/kΩ	1	2	3	4	5	6
v_o/V	0.899	1.799	2.698	3.598	4.497	5.397
i_L/mA	0.899	0.899	0.899	0.899	0.899	0.899

由表 1.9 可知，当输入电压 i_S 固定时，无论负载 R_L 如何变化，负载电流 i_L 保持不变。这说明负载电流 i_L 只受输入电流 i_S 的控制，体现了受控源的单向控制作用。

1.5.3　电源的端口特性测试

实际电压源可以等效为理想电压源和电阻的串联支路，如图 1.27(a) 中网络 N 所示。实际的电压源由于内阻 R_S 的存在，其端口电压 v 将随负载 R_L 的变化而变化。由分压公式

$v=R_{\mathrm{L}}v_{\mathrm{S}}/(R_{\mathrm{S}}+R_{\mathrm{L}})$ 可知，R_{S} 越小，端口电压 v 越接近于 v_{S}，其性能越接近于理想电压源。换句话说，实际电压源的 R_{S} 越小，电源驱动负载的能力越强。

由于单口网络 N 和负载 R_{L} 的端口特性完全一致，因此 R_{L} 的伏安特性即实际电源的外端口特性。本例中通过测量 R_{L} 的伏安特性，获得 R_{S} 取值不同时实际电压源的外端口特性，仿真电路如图 1.27(b)所示。

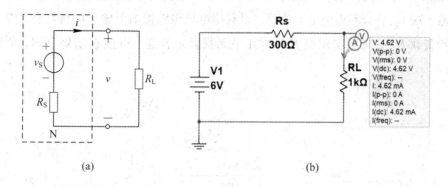

(a)　　　　　　　　　　　　　　　　　　　　(b)

图 1.27　电源的端口特性测试

设置 $V_{\mathrm{S}}=6$ V，当 $R_{\mathrm{S}}=0$ Ω、$R_{\mathrm{S}}=100$ Ω 和 $R_{\mathrm{S}}=300$ Ω 时，测量负载 R_{L} 在 [1, 10]kΩ 范围内变化时负载 R_{L} 的伏安特性，并填入表 1.10 中。

表 1.10　实际电源外端口特性测试

R_{S}/Ω		$R_{\mathrm{L}}/\mathrm{k}\Omega$					
		10	9	7	5	3	1
0	V/V	6	6	6	6	6	6
	I/mA	0.6	0.667	0.857	1.2	2	1
100	V/V	5.94	5.93	5.92	5.88	5.81	5.45
	I/mA	0.594	0.659	0.845	1.18	1.94	5.45
300	V/V	5.83	5.81	5.75	5.66	5.45	4.62
	I/mA	0.583	0.645	0.822	1.13	1.82	4.62

由实测数据可知，当 $R_{\mathrm{S}}=0$ 时，不管负载电阻 R_{L} 如何变化，实际电压源的端电压恒等于 6 V，此时电源驱动负载的能力最强；当 $R_{\mathrm{S}}\neq 0$ 时，由分压公式可知，电源内阻 R_{S} 越大，相同负载 R_{L} 下的端电压越小，电源驱动负载的能力越弱。当电路满足 $R_{\mathrm{L}}\gg R_{\mathrm{S}}$ 条件时，实际电压源可视为理想电压源处理。

1.5.4　电压跟随器的阻抗匹配功能仿真测试

实际电压源的等效电路如图 1.28(a)所示，它由一个 $V_1=2$ V 的电源和一个 $R_{\mathrm{S1}}=10$ kΩ 的电阻串联而成。由于负载电阻 $R_{\mathrm{L1}}=100$ Ω≪电阻 $R_{\mathrm{S1}}=10$ kΩ，当它们串联时，用电压

探针测得 $V_{RL1}=19.8$ mV$\ll V_1=2$ V。这说明在高阻电源和低阻负载的串联电路中，电源 V_1 无法将电压传递给负载 R_{L1}。要使负载 R_{L1} 从电源中获得较高的电压，解决方案如下：

在实际电源和负载之间接入一个由理想集成运放构成电压跟随器，通过阻抗匹配的方式实现电源电压的传递，仿真电路如图 1.28(b)所示。利用电压跟随器的高输入阻抗特性，运放的输入端 V_+ 将分到近似 2 V 电压。再利用电压跟随器的低输出阻抗特性，将 2 V 电压传递给负载 R_{L2}，从而实现电源电压几乎无损耗地传递。由仿真结果可知，负载电压 $V_{RL2}=2$ V。

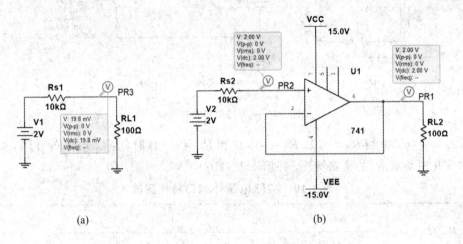

图 1.28　电压跟随器的阻抗匹配功能仿真测试

1.5.5　集成运放运算电路的仿真分析和设计

用一片集成运放设计一个减法电路，实现 $v_o=6v_{i2}-7v_{i1}$ 的运算功能。所有电阻取值范围 $R\in[10\ \text{k}\Omega,70\ \text{k}\Omega]$。在以下四种条件下，通过仿真测试验证电路设计的正确性。若测试结果与理论计算值不符，请说明理由。

（1）当 $v_{i2}=5$ V，$v_{i1}=3$ V 时，仿真测试 v_o 的数值大小。

（2）当 $v_{i2}=5$ mV，$v_{i1}=3$ mV 时，仿真测试 v_o 的数值大小。

（3）当输入端 v_{i1} 和 v_{i2} 分别接频率均为 1 kHz，有效值分别为 3 mV 和 5 mV 的正弦交流电压。测量输出端电压 v_o 的有效值。

（4）当输入端 v_{i1} 和 v_{i2} 分别接频率均为 1 kHz，有效值分别为 7 V 和 3 V 的正弦交流电压。测量输出端电压 v_o 的有效值。

题意分析：

集成运放有两个输入端，其中反相输入端和输出端的电压相位相差 180°，同相输入端和输出端的电压相位相同。因此，将 v_{i2} 送入同相输入端，将 v_{i1} 送入反相输入端，可以实现减法运算。用一片集成运放实现的求差电路结构如图 1.29(a)所示。

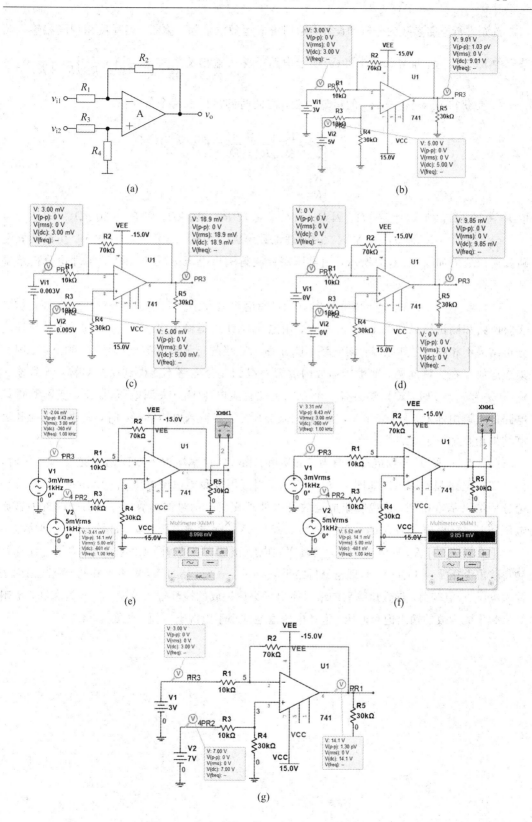

图 1.29 集成运放运算电路的仿真分析和设计

首先进行电路参数的分析和设计。利用集成运放的虚短、虚断，列写反相和同相输入端节点的 KCL 方程，推导如图 1.29(a)所示电路的输入输出关系为 $v_o = \left(1 + \dfrac{R_2}{R_1}\right)\dfrac{R_4}{R_3 + R_4}v_{i2} - \dfrac{R_2}{R_1}v_{i1}$。要获得 $v_o = 6v_{i2} - 7v_{i1}$ 的运算功能，需同时满足以下两个条件：

$$\begin{cases} \left(1 + \dfrac{R_2}{R_1}\right)\dfrac{R_4}{R_3 + R_4} = 6 \\ \dfrac{R_2}{R_1} = 7 \end{cases} \tag{1.37}$$

取 $R_1 = 10\ \text{k}\Omega$，则 $R_2 = 70\ \text{k}\Omega$。因 $R_4 = 3R_3$，故取 $R_3 = 10\ \text{k}\Omega$，则 $R_4 = 30\ \text{k}\Omega$。

（1）当 $v_{i2} = 5\ \text{V}$，$v_{i1} = 3\ \text{V}$ 时，v_o 的理论数值大小为 $v_o = 6v_{i2} - 7v_{i1} = 9\ \text{V}$。仿真实验电路和测试结果如图 1.29(b)所示，用电压探针测得输出电压 v_o 为 9.01 V，与理论分析结果基本相符。

（2）当 $v_{i2} = 5\ \text{mV}$，$v_{i1} = 3\ \text{mV}$ 时，v_o 的理论数值大小为 $v_o = 6v_{i2} - 7v_{i1} = 9\ \text{mV}$。仿真实验电路和测试结果如图 1.29(c)所示，用电压探针测得输出电压 v_o 为 18.9 mV，与理论分析结果不相符。究其原因：该电路不能处理 mV 级的直流输入电压信号（v_{i1} 和 v_{i2}）。因为集成运放存在失调问题，即由于运放内部第一级的差分电路不能做到完全对称，导致输入电压 $v_{i1} = v_{i2} = 0$ 时，输出端会有一个 mV 级的直流电压 V_{IO}（失调电压）输出，实际测得该电路的失调电压 $V_{IO} = 9.85\ \text{mV}$，如图 1.29(d)所示。当输入电压 $v_i \neq 0$ 时，失调电压会和运算结果相叠加，导致结果出错。

（3）当 v_{i2} 和 v_{i1} 分别接有效值为 5 mV 和 3 mV，频率均为 1 kHz 的正弦交流电压时，仿真实验电路和测试结果如图 1.29(e)所示。用万用表测得输出电压 v_o 为 8.998 mV，与理论分析结果基本相符。这说明集成运放可以处理交流小信号的运算。将万用表设置为直流电压挡时，测得输出端 v_o 的直流分量为 9.851 mV，即失调电压 V_{IO}，如图 1.29(f)所示。

（4）当 $v_{i2} = 7\ \text{V}$，$v_{i1} = 3\ \text{V}$ 时，仿真实验电路和测试结果如图 1.29(g)所示，用电压探针测得输出电压 $v_o = 14.1\ \text{V}$，而理论分析结果 $v_o = 6v_{i2} - 7v_{i1} = 21\ \text{V}$，两者不相符。究其原因是输入电压 v_{i2} 值较大，导致运算后的结果超出了集成运放的线性输入范围，进入饱和区，输出结果为集成运放的输出饱和电压。饱和电压值通常小于电源电压值，此处为 14.1 V。

第 2 章　电路结构及等效规律

2.1　学习纲要

2.1.1　思维导图

等效化简是电路中常用的分析方法，它可以将一个复杂的电路经过一次或多次等效变换后，化简为一个单回路或单节点的电路结构，只需要列写一个 KVL 方程或一个 KCL 方程，即能获得电路的相应解，避免了方程组求解的烦琐过程。

通过本章内容的学习，有助于理解等效的本质及其在电路分析中的应用。图 2.1 描述的思维导图呈现了本章研究的主要内容，包括电路结构、电源的串并联等效规律、电阻的串并联等效规律以及电源和单口网络之间的串并联等效规律，归纳和总结了两个单口网络或两个双口网络的等效规律，提出了两个单/双口网络等效的判断方法和化简方法，提出了单口网络等效电阻的概念及其求解方法，并对外加电源法和等效规律进行了仿真验证。

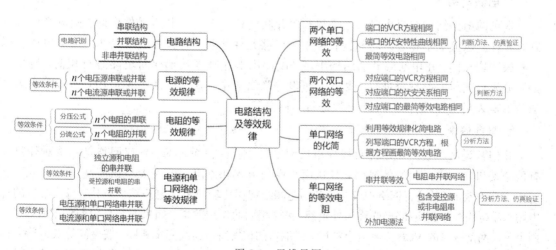

图 2.1　思维导图

2.1.2　学习目标

表 2.1 所示为本章的学习目标。

表 2.1　学习目标

序号	学习要求	学习目标
1	记忆	① 两个单口网络或两个双口网络等效的条件； ② 分压公式和分流公式； ③ 单口网络的等效规律
2	理解	① 单口网络和双口网络的定义； ② 端口等效的概念
3	分析	① 串联结构和并联结构的识别； ② 利用等效规律对单口网络进行化简； ③ 通过列写单口网络端口的 VCR 方程，对单口网络进行化简； ④ 利用外加电源法求单口网络所对应的无源网络的等效电阻； ⑤ 运用 Y(T)形和△(π)形结构的等效变换规律，化简并分析电路
4	应用	① 对双端口网络(如放大器、变压器等)的输入端和输出端等效电阻进行分析和求解； ② 对含源线性单口网络进行化简，从而简化对外电路的分析

2.2　重点和难点解析

2.2.1　单口网络的性质及等效规律

1. 电路结构

常见的电路结构包括串联、并联和非串并联结构。若 n 个电路元件串联，则流经所有电路元件的电流大小和方向均相同；若 n 个电路元件并联，则所有电路元件两端的电压大小和极性均相同。在串联或并联结构中，可以应用串并联等效规律对电路进行化简，应用分压分流公式对电路响应进行分析。在非串并联结构中，以上方法不再适用，通常需要运用基尔霍夫定律和元件的 VCR 方程进行电路分析。

2. 等效概念

我们常说的等效主要是针对线性单口网络(二端网络)而言的。**单口网络**是一个对外只有两个端口(或一个端口)的网络，且这两个端口流入和流出的电流大小相等。

所谓等效，指的是将网络中较为复杂的电路结构用比较简单的电路结构替代，替代之后的电路与原电路对未变换部分(或称为外电路)保持相同的作用效果。如果两个单口网络等效，则两个单口网络端口的 VCR 方程完全相同，或端口的伏安特性曲线完全相同，或最简等效电路完全相同。这样的两个单口网络对于任意一个外电路而言，它们具有完全相同的电路响应，但就其内部电路而言，电路结构、电路参数和支路响应则完全不同，两者之间没有必然的联系。

例如，图 2.2(a)所示的电路中，单口网络 N_1 内部是一个电流源 I_s 和电阻 R 的串联支路，它可等效为电流源 I_s，如图 2.2(b)所示。由于等效前后端口电流保持不变，因此图 2.2(a)和(b)中无源单口网络 N_0 的端电压 V 也是相等的，即 N_1 和 N_2 对外电路作用的效果相同，但对单口网络 N_1 内部来讲，图 2.2(a)中串联电路内部的电阻 R 的功率被忽略了，所以对内部来讲是不等效的。

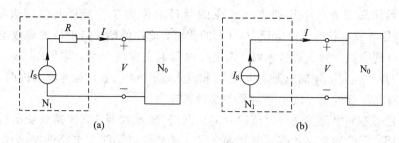

图 2.2　对外等效对内不等效例图

3. 单口网络等效的判断方法

电路的最简形式不外乎以下几种情况：一个理想电压源和电阻的串联（戴维南等效）、一个理想电流源和电阻的并联（诺顿等效）、一个理想电压源（单口网络内不含电阻元件和受控源）、一个理想电流源（单口网络内不含电阻元件和受控源）、一个电阻元件（单口网络端口的电压和电流为 0）。两个单口网络等效的判断方法如下：

方法一：利用等效变换规律将单口网络化简为最简电路形式，若最简电路形式相同，则判断两个单口网络等效。该方法适用于不包含受控源的单口网络。

方法二：利用基尔霍夫定律和元件的 VCR 方程，推导两个单口网络端口的伏安关系（VCR）表达式，若两个表达式完全相同，则判断两个单口网络等效。

方法三：在 V-I 平面上分别绘制两个单口网络端口的伏安特性曲线，若两条曲线完全重合，则判断两个单口网络等效。

4. 等效规律的实际应用

（1）实际器件标定的参数值是非连续的，想要获得理论值，可以通过串并联等效的方式实现。

（2）将单口网络化简为最简电路形式后，可以简化对外电路的分析。注意：等效变换规律只适用于线性网络，不适用于非线性网络，但其外电路可以是线性或非线性网络。

5. 外加电源法的应用

外加电源法可用于求解单口网络所对应的无源网络的等效电阻。所谓无源网络，指的是网络中无独立源，或独立源置零（有独立源）的情况。所谓独立源置零，指网络中所有的电压源电压均设置为 0（电压源用短路模型替代），所有的电流源电流设置为 0（电流源用开路模型替代）。无源网络的等效电阻 R_{eq} 可利用如图 2.3（a）所示的外加电源法进行分析。

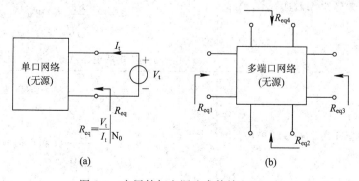

图 2.3　应用外加电源法求等效电阻 R_{eq}

在单口网络端口外加电压源 V_t，产生的端口电流为 I_t。利用基尔霍夫定律或元件 VCR 列写电路方程，获得端口电压 V_t 与 I_t 的比值，该比值即单口网络的等效电阻 R_{eq}。换言之，当单口网络内部独立源置零时，无论其内部电路如何复杂，均可以等效为一个线性电阻 R_{eq}。应用时注意，外加电源的电压 V_t 和流入端口的电流 I_t 对电源来讲两者为非关联参考方向，对无源线性单口网络来讲呈关联参考方向。

　　拓展：利用外加电源法还可以获得双端口网络(如放大器、滤波器或变压器等)两个端口的等效电阻，它们通常具备实际的物理含义，其参数值反映了电路性能的优劣。因此外加电源法在实际的电路分析和设计中具有非常重要的应用。

　　在分析多端口网络不同端口的等效电阻 R_{eq} 时，可以分别应用外加电源法进行分析和求解。如图 2.3(b)所示，当分析某一端口的等效电阻时，其他端口作开路处理，网络内部所有独立源均置零(电压源短路，电流源开路，受控源保留在电路中)。将电压源或电流源外加在待求端口两侧，利用基尔霍夫定律或元件 VCR 列写电路方程，即可获得端口电压 V_t 与 I_t 的比值，即该端口的等效电阻 R_{eq}。

2.2.2　电阻的串并联等效规律

　　电阻元件的串并联等效规律如表 2.2 所示。

表 2.2　电阻的串并联等效规律

序号	原电路	等效电路	等效条件
1	N 个电阻元件串联($R_1, \cdots, R_N$)	一个电阻元件 R	$R = R_1 + \cdots + R_N$
2	N 个电阻元件并联($G_1, \cdots, G_N$)	一个电阻元件 G	$G = G_1 + \cdots + G_N$

　　在 N 个电阻的串联电路中，各支路电压 v_i 和串联支路总电压 v 之间满足分压公式；在 N 个电阻的并联电路中，各支路电流 i_i 和并联支路总电流 i 之间满足分流公式。分压公式和分流公式如表 2.3 所示。

表 2.3　电阻的串并联电路的分压和分流公式

序号	原电路	推导公式
1	N 个电阻元件串联($R_1, \cdots, R_N$)	分压公式：$v_i = v \dfrac{R_i}{\sum\limits_{i=1}^{N} R_i}$（$v$ 和 v_i 的参考方向一致） $v_i = -v \dfrac{R_i}{\sum\limits_{i=1}^{N} R_i}$（$v$ 和 v_i 的参考方向相反） v 和 v_i 分别为串联电路总电压和 R_i 的支路电压
2	N 个电阻元件并联($G_1, \cdots, G_N$)	分流公式：$i_i = i \dfrac{G_i}{\sum\limits_{i=1}^{N} G_i}$（$i$ 和 i_i 的参考方向一致） $i_i = -i \dfrac{G_i}{\sum\limits_{i=1}^{N} G_i}$（$i$ 和 i_i 的参考方向相反） i 和 i_i 分别为并联电路总电流和 G_i 的支路电流

2.2.3 电源的等效变换规律

与电源相关的单口网络的等效变换规律如表 2.4 所示。

表 2.4 单口网络的等效变换规律

序号	原电路	等效电路	等效条件
1	电压源 V_S 和单口网络 N 并联	电压源 V_S	端口 VCR 方程 $V=V_S$
2	电流源 I_S 和单口网络 N 串联	电流源 I_S	端口 VCR 方程 $I=I_S$
3	N 个电压源串联(V_{S1}，…，V_{SN}) N 个电流源串联(I_{S1}，…，I_{SN})	一个电压源 一个电流源	$V_S=V_{S1}+\cdots+V_{SN}$ $I_S=I_{S1}=\cdots=I_{SN}$
4	N 个电压源并联(V_{S1}，…，V_{SN}) N 个电流源并联(I_{S1}，…，I_{SN})	一个电压源 一个电流源	$V_S=V_{S1}=\cdots=V_{SN}$ $I_S=I_{S1}+\cdots+I_{SN}$
5	电压源 V_S 和电阻 R 串联	电流源 I_S 和电阻 R 并联	$V_S=I_R R$ 电流源电流的方向同电压源正极性流出方向相同
6	受控电压源和电阻 R 串联	受控电流源和电阻 R 并联	受控电压源电压=受控电流源电流$\times R$ 受控电流源电流的方向同受控电压源正极性流出方向相同

单口网络的化简方法归纳如下：

方法一：利用等效规律将单口网络(不包含受控源)化简为最简电路形式。注意：单口网络的化简方向如图 2.4 所示。

方法二：利用基尔霍夫定律和元件的 VCR 方程推导单口网络端口的伏安关系表达式，根据表达式画出单口网络的最简等效电路形式。

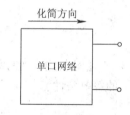

图 2.4 单口网络的化简

2.2.4 双口网络的性质及等效规律

双口网络是一个对外只有四个端钮(或两个端口)的网络，且每个端口流入流出的电流大小相等。注意：四端网络中四个端钮的电流大小不一定相等，因此双口网络属于四端网络，但四端网络不一定属于双口网络。

电路中的信号源和负载通常是以单口网络形式存在的。连接信号源和负载之间的网络称为双口网络，双口网络的输入端通常与信号源相连，输出端与负载相连，如图 2.5 所示。双口网络在电路中可以实现信号的放大、衰减、运算、滤波和耦合等功能。因此，双口网络往往比单口网络的功能更为强大，应用更为广泛。

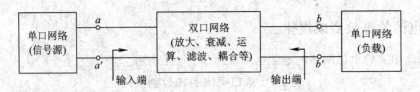

图 2.5　单口网络和双口网络的表现形式

利用两个双口网络端口等效的定义，可推导得出两个双口网络的等效条件，如表 2.5 所示。

表 2.5　双口网络的等效变换规律

序号	原电路	等效电路	等效条件
1	T(Y)形网络	π(△)形网络	$\begin{cases} R_a = \dfrac{R_1 R_2 + R_2 R_3 + R_1 R_3}{R_1} \\ R_b = \dfrac{R_1 R_2 + R_2 R_3 + R_1 R_3}{R_2} \\ R_c = \dfrac{R_1 R_2 + R_2 R_3 + R_1 R_3}{R_3} \end{cases}$
2	π(△)形网络	T(Y)形网络	$\begin{cases} R_1 = \dfrac{R_b R_c}{R_a + R_b + R_c} \\ R_2 = \dfrac{R_c R_a}{R_a + R_b + R_c} \\ R_3 = \dfrac{R_a R_b}{R_a + R_b + R_c} \end{cases}$

2.3　典型例题分析

【例 2.1】　列写如图 2.6 所示的两个单口网络端口的 VCR 方程，并推导两个单口网络的等效条件。

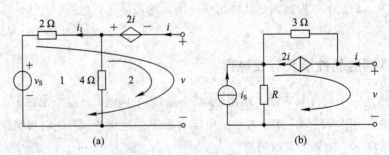

图 2.6　例 2.1 的电路图

题意分析：

图 2.6(a) 和 (b) 是两个包含独立源、受控源和电阻的单口网络。在列写单口网络端口的 VCR 方程时，两个端口假设的电压和电流的参考方向必须保持一致。

（1）图 2.6(a) 所示的单口网络中，假设 2 Ω 电阻的电流大小为 i_1，参考方向向左，列写回路 1 的 KVL 方程：

$$v - v_s + 2i - 2i_1 = 0 \tag{2.1}$$

列写回路 2 的 KVL 方程：

$$2i + v - 4 \times (i - i_1) = 0 \tag{2.2}$$

联立式(2.1)和式(2.2)：

$$v = -\frac{2}{3}i + \frac{2}{3}v_s \tag{2.3}$$

（2）如图 2.6(b) 所示的单口网络中，列写图中所示回路的 KVL 方程：

$$v - R \times (i + i_s) - 3 \times (i - 2i) = 0$$

即

$$v = (R - 3)i + Ri_s \tag{2.4}$$

（3）图 2.6(a) 和图 2.6(b) 中两个单口网络等效的条件是：对应端口的 VCR 方程相等。因此，需满足以下条件：

$$\begin{cases} R - 3 = -\dfrac{2}{3} \\ \dfrac{2v_s}{3} = Ri_s \end{cases}$$

即

$$\begin{cases} R = \dfrac{7}{3} \ \Omega \\ 2v_s = 7i_s \end{cases} \tag{2.5}$$

结论：当满足式(2.5)时，图 2.6(a) 和图 2.6(b) 所示的两个单口网络完全等效。

【例 2.2】　列写图 2.7 所示的单口网络端口的伏安关系表达式(VCR)，并根据表达式画出单口网络的最简等效电路。

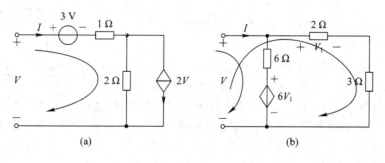

图 2.7　例 2.2 的电路图

题意分析：

通过列写元件的 VCR 方程、回路的 KVL 方程或节点的 KCL 方程，推导单口网络端口 VCR 方程。

在图 2.7(a) 中选取如图所示的回路，注意回路的选取一般不经过受控电流源或电流源支路(因为它们的支路电压通常是未知的，或无法用其他变量表示)。列写回路的 KVL 方程：

$$3 + 1 \times I + 2 \times (I - 2V) - V = 0$$

即
$$V = 0.6I + 0.6 \tag{2.6}$$

注意：在式(2.6)中，表示 2 Ω 电阻电流时应用了 KCL 方程。根据式(2.6)可知，图 2.7(a)所对应的最简等效电路形式为一个 0.6 V 电压源和一个 0.6 Ω 电阻的串联支路，如图 2.8(a)所示。

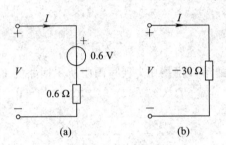

图 2.8　图 2.7 的最简等效电路

在图 2.7(b)中选取如图所示的两个回路，分别列写两个回路的 KVL 方程：

$$\begin{cases} V = 6 \times \left(I - \dfrac{V_1}{2}\right) + 6V_1 \\ V = V_1 + \dfrac{V_1}{2} \times 3 \end{cases} \tag{2.7}$$

即 $V = -30I$。

注意在式(2.7)中，在表示 2 Ω 和 3 Ω 电阻电流时，应用了电阻的 VCR 方程。根据式(2.7)可知，图 2.7(b)所对应的最简等效电路形式为一个阻值为 −30 Ω 的电阻，如图 2.8(b)所示。注意：负电阻(有源器件如晶体管)能够对外提供功率，但它所提供的能量是从电路的其他能量中转换而来的，而不是它本身所能产生能量。

【例 2.3】 电路如图 2.9 所示。

(1) 求 a、b 两端电压 V_{ab}。

(2) 若 a、b 用导线短路，求导线中的电流 I_{ab}。

题意分析：

(1) a、b 端开路情况分析。

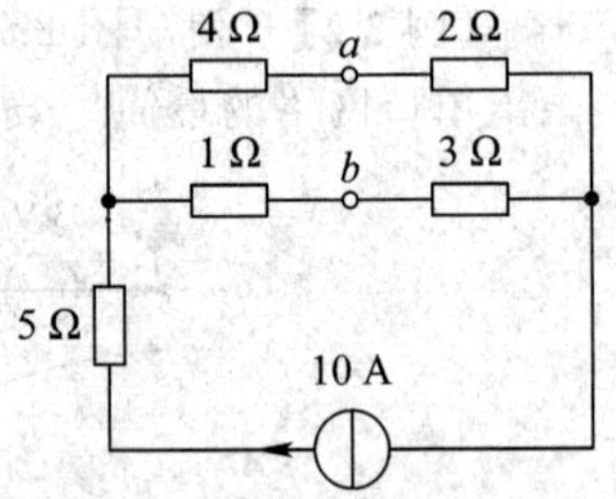

a、b 两端的电压 V_{ab} 是电路中任意两点间的电压，可以利用 KVL 的推论分析获得。例如 V_{ab} 应等于 4 Ω 电阻和 1 Ω 电阻电压代数和，也等于 2 Ω 电阻和 3 Ω 电阻电压代数和。其中，电阻电压在欧姆定律中可用电流表示，故只要分析计算各支路电流，即可利用 KVL 推论求解。这是一个并联支路，假设 4 Ω 电阻电流 $I_{4\Omega}$ 的参考方向向右，应用分流公式可得

图 2.9　例 2.3 的电路图

$$I_{4\Omega} = 10 \times \frac{1+3}{(1+3)+(4+2)} = 4 \text{ A} \tag{2.8}$$

假设 1 Ω 电阻电流 $I_{1\Omega}$ 的参考方向向右，利用节点的 KCL 可得

$$I_{1\Omega} + I_{4\Omega} - 10 = 0 \tag{2.9}$$

故 $I_{1\Omega} = 6 \text{ Ω}$。利用 KVL 的推论可得

$$4 \times I_{4\Omega} + V_{ab} - 1 \times I_{1\Omega} = 0 \tag{2.10}$$

计算可得 $V_{ab} = -10 \text{ V}$。注意 V_{ab} 代表 V_a 的参考极性为"+"，V_b 的参考极性为"−"。

（2）a、b 端短接情况分析。

由于电势差的存在，连接 a、b 节点的导线上必有电流流过。假设电流大小表示为 I_{ab}，代表电流的参考方向从 a 流向 b。若表示为 I_{ba}，则代表电流的参考方向从 b 流向 a。

a、b 之间用导线短接后，电路结构为 4Ω 和 1Ω 并联，2Ω 和 3Ω 并联，两条并联支路再和 5Ω 电阻、10A 电流源串联。若分别求得并联支路上的电流，利用 KCL 即可获得 a、b 节点之间导线上的电流大小。假设 4Ω 和 2Ω 电阻上的电流参考方向均向右，大小分别为 $I_{4\Omega}$ 和 $I_{2\Omega}$，利用分流公式可得

$$\begin{cases} I_{4\Omega} = 10 \times \dfrac{1}{4+1} = 2 \text{ A} \\[2mm] I_{2\Omega} = 10 \times \dfrac{3}{3+2} = 6 \text{ A} \end{cases} \tag{2.11}$$

针对节点 a 列写 KCL 方程：

$$I_{4\Omega} - I_{2\Omega} - I_{ab} = 0 \tag{2.12}$$

解得 $I_{ab} = -4$ A。

【**例 2.4**】　电路如图 2.10 所示，图中负载电阻 R_L 为可变电阻。当 R_L 分别为 3 Ω 和 12 Ω 时，求流经 R_L 的电流 i_L。

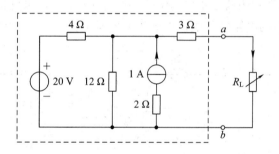

图 2.10　例 2.4 的电路图

题意分析：

由于负载 R_L 是一个可变电阻，重复求解负载变化时的负载电流会增加电路分析计算的复杂度。如果能够对虚线框内的单口网络进行化简，就可以简化对外电路的分析。从 ab 端口往左看，单口网络的串并联结构为：20V 电压源和 4Ω 电阻串联，再与 12 Ω 电阻并联，再与 1A 电流源和 2Ω 电阻的串联支路并联，再与 3Ω 电阻串联。

利用电源的等效规律，ab 端左侧单口网络的等效化简过程如图 2.11(a)～(c) 所示。下面简要说明化简的三个步骤：

（1）从图 2.10～图 2.11(a)，运用了两条等效规律：① 电压源和电阻的串联支路⇔电流源和电阻的并联支路；② 电流源和单口网络的串联支路⇔电流源（电阻元件可视为单口网络）。

（2）从图 2.11(a)～图 2.11(b)，运用了两条等效规律：① 两个电流源并联⇔一个电流源；② 两个电阻并联⇔一个电阻。

（3）从图 2.11(b)～图 2.11(c)，运用了两条等效规律：① 电流源和电阻的并联支路⇔电压源和电阻的串联支路；② 两个电阻串联⇔一个电阻。

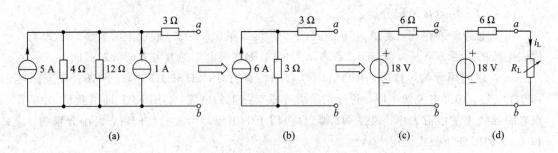

图 2.11 ab 端左侧单口网络的化简过程

图 2.11(c)所示的单口网络与图 2.10 虚线框内的单口网络完全等效,在图 2.11(c)的 ab 端外接负载电阻 R_L,得到如 2.11(d)所示的等效电路。由图 2.11(d)可知:

$$i_\mathrm{L} = \frac{18}{6+R_\mathrm{L}} \tag{2.13}$$

当 $R_\mathrm{L} = 3\ \Omega$ 时,$i_\mathrm{L} = 2\ \mathrm{A}$;当 $R_\mathrm{L} = 12\ \Omega$ 时,$i_\mathrm{L} = 1\ \mathrm{A}$。

【例 2.5】 已知电路如图 2.12(a)所示。

(1) 图 2.12(a)中的受控源种类为何类型?$2I$ 中的系数 2 的单位是什么?

(2) 对 ab 端左侧和右侧两个单口网络分别进行化简,并画出其最简等效电路;

(3) 根据化简之后的电路计算端口电流 I 和电压 V。

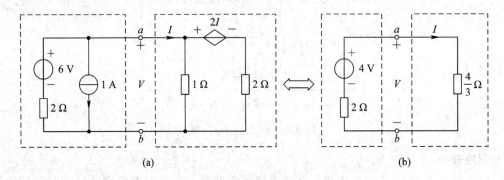

图 2.12 例 2.5 的电路图

题意分析:

(1) 受控源的控制变量是电流 I,受控支路是受控电压源,故该受控源类型为电流控制电压源。因 $2I(\mathrm{V})/I(\mathrm{A}) = 2(\Omega)$,故系数 2 的单位是欧姆($\Omega$)。

(2) 对 ab 端左侧的单口网络进行化简。列写端口的 VCR 方程,再根据方程画出相应的等效电路。由 KVL 推论可知:

$$V = 6 - 2 \times (I+1)$$

即

$$V = 4 - 2I \tag{2.14}$$

式(2.14)即 ab 端左侧单口网络的 VCR 方程。由式(2.14)可知,ab 端口左侧可等效为一个 4 V 电压源和一个 2 Ω 电阻的串联支路,如图 2.12(b)所示。对 ab 端右侧的单口网络进行化简,选取受控电压源 $2I$ 和 2 Ω 电阻的串联支路,列写回路的 KVL 方程:

$$V = 2I + 2 \times (I - \frac{V}{1})$$

即

$$V = \frac{4}{3}I \tag{2.15}$$

由式(2.15)可知，ab 端口右侧可等效为一个阻值为 4/3 Ω 电阻，如图 2.12(b)所示。根据图 2.12(b)计算端口电压和电流，可得

$$
\begin{cases}
V = 4 \times \dfrac{4/3}{2 + 4/3} = 1.6 \text{ V} \\
I = \dfrac{4}{2 + 4/3} = 1.2 \text{ A}
\end{cases}
\tag{2.16}
$$

【例 2.6】　电路如图 2.13 所示，已知 $R_1 = 1$ Ω，$R_2 = 1$ Ω，$R_3 = 2$ Ω，$R_4 = 1$ Ω 和 $R_5 = 1$ Ω，求单口网络的等效电阻 R_{eq}。

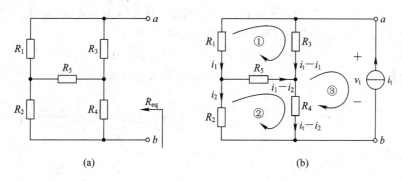

图 2.13　例 2.6 的电路图

题意分析：

　　如图 2.13(a)所示的单口网络中，电阻 $R_1 \sim R_5$ 非串联或并联结构，且 5 个电阻阻值不完全相同，因此不能通过串并联等效的方式求解单口网络的等效电阻 R_{eq}。本例采用外加电源法进行分析和求解。

　　在 ab 端口外加电流源 i_t，参考方向如图 2.13(b)所示。假设电流源的端电压为 v_t，参考极性上正下负。假设电阻 R_1 和 R_2 的电流分别是 i_1 和 i_2，参考方向为向下。通过列写节点的 KCL 方程分别推得：$i_{R3} = i_t - i_1$（参考方向向下），$i_{R4} = i_t - i_2$（参考方向向下），以及 $i_{R5} = i_1 - i_2$。假设 3 个回路的方向均为顺时针方向，分别列写 3 个回路的 KVL 方程：

$$
\begin{cases}
R_3(i_t - i_1) - R_5(i_1 - i_2) - R_1 i_1 = 0 \\
R_5(i_1 - i_2) + R_4(i_t - i_2) - R_2 i_2 = 0 \\
v_t - R_4(i_t - i_2) - R_3(i_t - i_1) = 0
\end{cases}
\tag{2.17}
$$

推导端口电压 v_t 与电流 i_t 比值：

$$R_{eq} = \frac{v_t}{i_t} = \frac{13}{11} \Omega \tag{2.18}$$

　　可见，如图 2.13(a)所示的单口网络的等效阻值为 $R_{eq} = 13/11$ Ω。

【例 2.7】　在开关 S 打开和闭合两种情况下，分析图 2.14(a)所示电路中 ab 端的等效电阻 R_{eq} 的大小。

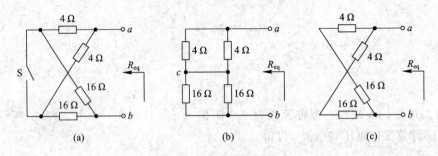

图 2.14　例 2.7 的电路图

题意分析：

（1）当开关 S 闭合时，等效电路如图 2.14(b)所示。两个 4 Ω 电阻是并联关系，两个 16 Ω 电阻也是并联关系，两者再串联，等效电阻表示为

$$R_{eq} = 4 // 4 + 16 // 16 = 10 \ \Omega \tag{2.19}$$

（2）当开关打开时，等效电路如图 2.14(c)所示。这是一个并联电路，每条支路都由一个 4 Ω 电阻和一个 16 Ω 电阻串联而成，等效电阻表示为

$$R_{eq} = (4+16) // (4+16) = 10 \ \Omega \tag{2.20}$$

【例 2.8】 求图 2.15(a)所示单口网络 ab 端的等效电阻 R_{eq}。

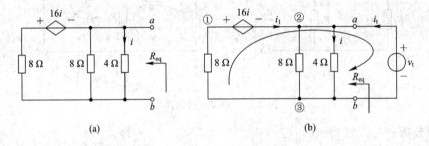

图 2.15　例 2.8 的电路图

题意分析：

电路如图 2.15(a)所示，由于包含了受控源，因此不能利用电阻的串并联等效规律求解单口网络的等效电阻 R_{eq}。本例采用外加电源法进行分析。在 ab 端口外加电压源 v_t，假设流入端口的电流为 i_t，如图 2.15(b)所示。

假设受控电压源的电流为 i_1，参考方向向右，如图 2.15(b)所示。列写节点②的 KCL 方程：

$$i_1 - \frac{v_t}{8} - \frac{v_t}{4} + i_t = 0 \tag{2.21}$$

选取如图所示的回路作为研究对象，假设回路方向为顺时针方向，列写回路的 KVL 的方程：

$$16i + v_t + 8i_1 = 0 \tag{2.22}$$

4 Ω 电阻的 VCR 方程为

$$v_t = 4i \tag{2.23}$$

联立方程组(2.21)～(2.23)，推得 ab 端口电压和电流的比值关系为

$$R_{eq} = \frac{v_t}{i_t} = 1\Omega \tag{2.24}$$

【例 2.9】　求如图 2.16 所示的含源线性单口网络所对应的无源网络的等效电阻 R_{eq}。

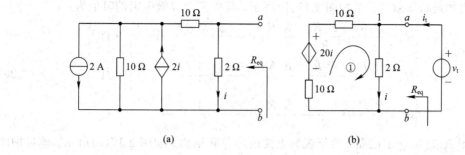

图 2.16　例 2.9 的电路图

题意分析：

图 2.16(a)所示的单口网络是一个含源线性单口网络。采用外加电源法求解其对应的无源网络的等效电阻 R_{eq}。首先应将单口网络内部的独立源置零：电压源短路、电流源开路。为了简化电路结构，将受控电流源与 10 Ω 电阻的并联支路，等效为受控电压源和 10 Ω 电阻串联支路。然后在 ab 端口外加电压源，假设其端口电压为 v_t，端口电流为 i_t，如图 2.16(b)所示。

选择顺时针方向作为回路①方向，列写回路①的 KVL 方程：

$$(10+10)\times(i-i_t)+2i-20i=0 \tag{2.25}$$

列写 2 Ω 电阻的 VCR 方程，可得

$$v_t=2i \tag{2.26}$$

联立方程式(2.25)和式(2.26)，计算可得

$$R_{eq}=\frac{v_t}{i_t}=20\ \Omega \tag{2.27}$$

【例 2.10】　求如图 2.17(a)所示单口网络的等效电阻 R_{eq}。

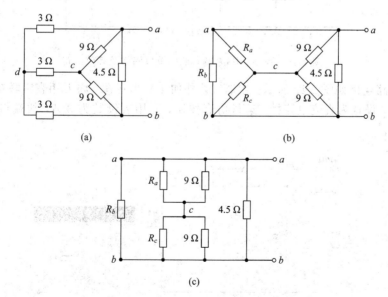

图 2.17　例 2.10 的电路图

题意分析：

图 2.17 所示电路中 6 个电阻元件非串并联结构，无法利用电阻的串并联等效规律进行

化简求解。注意到左侧的电阻网络(3 Ω、3 Ω 和 3 Ω)为 T(Y)形结构，可利用 T(Y)-△(π)的等效变换规律进行等效替换，如图 2.17(b)所示。其中三个等效电阻的阻值为

$$
\begin{cases}
R_a = \dfrac{R_1R_2 + R_2R_3 + R_1R_3}{R_1} = \dfrac{3\times3 + 3\times3 + 3\times3}{3} = 9\ \Omega \\[2mm]
R_b = \dfrac{R_1R_2 + R_2R_3 + R_1R_3}{R_2} = \dfrac{3\times3 + 3\times3 + 3\times3}{3} = 9\ \Omega \\[2mm]
R_c = \dfrac{R_1R_2 + R_2R_3 + R_1R_3}{R_3} = \dfrac{3\times3 + 3\times3 + 3\times3}{3} = 9\ \Omega
\end{cases}
\tag{2.28}
$$

重画图 2.17(b)所示电路，便于观察电路的串并联结构，如图 2.17(c)所示。单口网络 ab 端的等效电阻 R_{eq} 表示为

$$
\begin{aligned}
R_{eq} &= 4.5 /\!/ \left[(9/\!/R_a) + (9/\!/R_c) \right] /\!/ R_b \\
&= 4.5 /\!/ \left[(9/\!/9) + (9/\!/9) \right] /\!/ 9 = 2.25\ \Omega
\end{aligned}
\tag{2.29}
$$

2.4　仿真实例

2.4.1　外加电源法的验证

在例 2.5 中，已证明图 2.18 左图所示的无源单口网络的等效电阻为 4/3 Ω。利用仿真软件测试包含受控源的单口网络的等效电阻 R_{eq}。

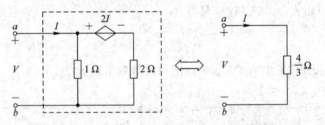

图 2.18　例 2.5 中 ab 端右侧的单口网络及等效电路

仿真电路连接如图 2.19 所示。在端口处外加 4 V 电压源，将万用表串联在端口，双击万用表面板，设置为直流电流挡。运行仿真按钮，万用表读数为 3 A，故端口的等效电阻 $R_{eq} = 4/3\ \Omega$。

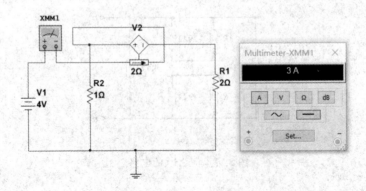

图 2.19　用外加电源法测量无源单口网络的等效电阻 R_{eq}

2.4.2　验证端口 VCR 相同的两个单口网络对外完全等效

如图 2.20(a)所示电路,已知端口左侧的单口网络端口的 VCR 方程为 $v=16i+28$。根据该式画出相应的等效电路,如图 2.20(b)所示。

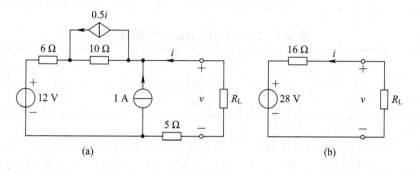

图 2.20　已知网络及其等效电路

已知图 2.20(a)和图 2.20(b)端口左侧的 VCR 方程完全相同。通过仿真实验验证端口左侧的两个单口网络对外是完全等效的。创建如图 2.21 所示的仿真电路。将万用表并接在负载电阻 R_L 的两端,在负载 R_L 支路的导线上放置电流探针。当负载电阻 R_L 取值在 $10\sim60\ \Omega$ 范围内变化时,运行仿真按钮,分别测量 R_L 端口的电压和电流值,如表 2.6 和表 2.7 所示。

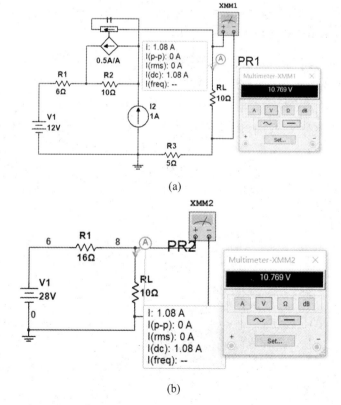

图 2.21　仿真实例电路

表 2.6　图 2.21(a)电路的负载特性

R_L/Ω	10	20	30	40	50	60
V_L/V	10.769	15.556	18.261	20	21.212	22.105
I_L/A	1.08	0.778	0.609	0.500	0.424	0.368

表 2.7　图 2.21(b)电路的负载特性

R_L/Ω	10	20	30	40	50	60
V_L/V	10.769	15.556	18.261	20	21.212	22.105
I_L/A	1.08	0.778	0.609	0.500	0.424	0.368

　　从表 2.6 和表 2.7 中的仿真数据来看，两个单口网络的负载特性完全相同，即图 2.20(a)和(b)中端口右侧的两个单口网络完全等效。又因负载 R_L 和端口左侧的单口网络共用一个端口，即端口左右两侧的两个单口网络等效，因此推得图 2.20(a)和(b)端口左侧的两个单口网络完全等效。

第 3 章　电路的分析方法

3.1　学 习 纲 要

3.1.1　思维导图

本章主要介绍电路的分析方法，包括 2*b* 法、1*b* 法(支路分析法)、网孔电流法、节点电压法和回路分析法。图 3.1 所示的思维导图按待求变量的特点，对电路的分析方法进行分类，包括基本分析方法和进阶分析方法。思维导图中对各种分析方法的应用展开了描述。

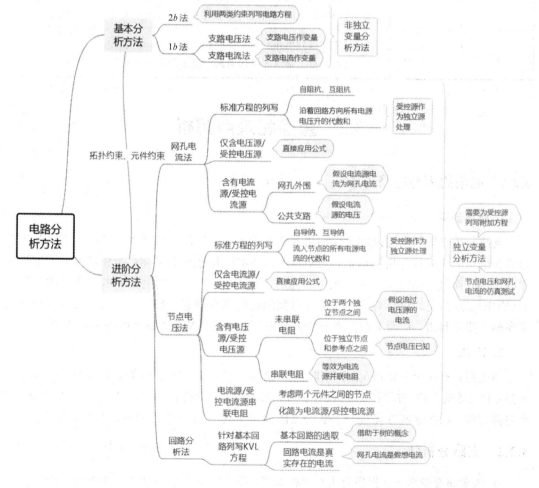

图 3.1　思维导图

3.1.2　学习目标

表 3.1 所示为本章的学习目标。

表 3.1　学习目标

序号	学习要求	学习目标
1	记忆	① 节点电压法标准方程； ② 网孔电流法标准方程
2	理解	① 电路方程的独立性和完备性； ② 元件约束和拓扑约束的概念； ③ 节点电压的概念及与支路电压的区别； ④ 网孔电流的概念及与支路电流的区别； ⑤电路的拓扑结构以及回路电流的概念
3	分析	① 应用元件约束和拓扑约束列写方程； ② 应用节点电压法列写节点电压方程以及附加方程； ③ 应用网孔电流法列写网孔电流方程以及附加方程
4	应用	① 晶体三极管电路一般采用网孔电流法； ② 含运算放大器或非平面电路一般采用节点电压法

3.2　重点和难点解析

3.2.1　电路约束与电路方程

1. 两类约束

电路分析中的两类约束即元件约束和拓扑约束。与元件性质无关，只取决于电路连接形式和结构的约束称为拓扑约束，主要表现为基尔霍夫电流定律（KCL）和基尔霍夫电压定律（KVL）；而另一类约束取决于元件的性质，表现为元件端口的电压和电流关系即元件约束（VCR）。这两类约束是解决所有集总电路问题的基本依据，根据两类约束可列写独立且完备的电路方程组，从而求解出所有的未知电压、电流变量，进而求得功率和能量。

2. 2b 法

当电路具有 n 个节点和 b 条支路时，可列写 $n-1$ 个独立且完备的 KCL 方程、$b-(n-1)$ 个独立且完备的 KVL 方程和 b 个 VCR 方程，据此总共可以得到 $(n-1)+b-(n-1)+b=2b$ 个电路方程，联立这些方程进行求解的方法称为 $2b$ 法，这是电路分析最基本的分析方法。

3.2.2　支路分析法

$2b$ 法未知变量多、方程数目大、计算烦琐，在实际的电路分析中一般很少采用。为了尽量控制电路变量和方程的数目，需要引入更为简单的电路分析方法，例如 $1b$ 法（或称支路分析法）：包括支路电压法和支路电流法两种方法。分别以支路电压或支路电流作为电路变量。由于变量的数目基本等于支路数目 b，因此支路分析法也称 $1b$ 法。支路分析法需要依据 KCL 和 KVL 方程，并结合电路元件的 VCR 方程组合使用。

3.2.3 节点电压法

1. 独立变量分析法

当支路数目 b 较多时，用支路分析法求解电路仍显得较为烦琐。为进一步减少变量和方程的数目，简化电路运算，需要应用独立变量的分析方法。节点电压法、网孔电流法和回路分析法分别是以节点电压、网孔电流和回路电流作为独立变量列写电路方程的。由独立变量列写的电路方程组，相互之间无法通过互相推导得出。其中，节点电压法的本质是一组 KCL 方程，在方程组中要用节点电压表示支路电流，列写方程时要特别注意电路中含有电压源（受控电压源）时的处理情况。网孔电流法的本质是一组 KVL 方程，在方程组中要用网孔电流表示支路电压，列写方程时要特别注意电路中含有电流源（受控电流源）时的处理情况。回路电流法中回路电流的选取要借助于树的概念，这涉及电路拓扑结构的相关知识，在本书中不对其进行重点讲述，感兴趣的读者可以参见相关的教材。

2. 分析方法中电路方程的对偶性

无论是应用独立变量还是非独立变量的分析方法，电路结构和电路方程中都会体现出十分明显的对偶性特点。所谓对偶性，是指电路连接结构或者电路变量表现出的一对相互对应或相互对照的关系，是电路中特有的现象。比如串联与并联、电阻与电导、支路电压与支路电流等都体现了对偶性的存在。在学习电路分析这门课程时应时刻注意领会并加以应用，这样便于记忆和理解电路中的一些问题。

3. 节点电压方程和附加方程的列写

将电路中任选一个节点作为参考节点（参考节点的电位为零），其他节点与参考节点的电压差称为该节点的节点电压。以节点电压为变量列写电路方程并求解电路的方法称为节点电压法或节点分析法。一个具有 n 个节点的电路，具有 $n-1$ 个独立的节点，其对应于 $n-1$ 个独立的节点电压方程。下面简要概括节点电压法应用的基本步骤。

（1）若电路中共有 n 个节点（包括传统节点），选取其中一个节点作为参考节点，并标注接地符号，则其他节点称为独立节点，标注其他 $n-1$ 个独立节点的节点电压分别为 V_{n1}，V_{n2}，$\cdots$，$V_{n(n-1)}$。

（2）从第 1 个独立节点开始，计算该节点的自电导 G_{11}，以及与其他独立节点直接相连的互电导 G_{12}，G_{13}，$\cdots$，$G_{1(n-1)}$，并确定流入该节点的所有电源电流的代数和 i_{SS1} 的表达式，将以上数据代入节点电压方程的标准公式，以建立第 1 个节点的节点电压方程。

（3）重复第（2）步，直到第 $n-1$ 个节点电压方程建立完毕。

（4）联立求解步骤（2）和（3）中的方程组，即解得各节点电压。

（5）根据电路中其他支路电压或支路电流与节点电压的关系求出所需的解。

（6）若电路中含有受控源，则把受控源当作独立源处理，为其列写附加方程。列写的方法是找到控制量所在支路，找出该控制量和节点电压的关系并用节点电压表示该控制变量，该式即为附加方程。

4. 几种特殊情况的处理

（1）电路中仅含电流源/受控电流源（后面统称电流源）的情况。下面分两种情况进行讨论：

① 电流源未串联电阻。按标准方程规则列式，并为受控源的控制变量列写附加方程。

② 电流源串联电阻。应先等效为该电流源，即与电流源串联的电阻对节点电压方程而言是多余电阻，计算自电导和互电导时均无须考虑该串联电阻的电导，然后在此基础上按标准方程规则列式。

（2）电路中含有电压源/受控电压源（后面统称电压源）的情况。下面分两种情况进行讨论：

① 电压源串联电阻。先将电压源和电阻的串联支路等效为电流源和电阻并联支路，再按标准方程规则列式。

② 电压源未串联电阻。下面分两种情况进行讨论：

a. 电压源位于两个独立节点之间，需假设流过电压源的电流 i_x，并为电压源的电压列写附加方程（电压源电压与节点电压的关系）。

b. 电压源位于独立节点和参考节点之间，该独立节点电压是已知的，节点电压＝电压源电压，无须按标准方程规则列式。

3.2.4　网孔电流法

1. 网孔电流方程和附加方程的列写

网孔电流法只适用于平面电路。作为独立电路变量的网孔电流指仅存在于网孔周边上的假想电流，它不是真实存在的电流，但是可以用网孔电流表示支路电流。因此只要求出网孔电流，支路电流也就可以依次获得。网孔电流法应用的基本步骤如下：

（1）对于一个具有 n 个节点、b 条支路的平面电路，共有 $b-(n-1)$ 个网孔，对每个网孔标注网孔电流 i_{m1}、i_{m2}。…，$i_{m[b-(n-1)]}$ 及参考方向。

（2）从第 1 个网孔开始，计算该网孔的自电阻 R_{11} 和互电阻 R_{12}、R_{13}，…，$R_{1[b-(n-1)]}$，并确定沿网孔绕行方向所有电源电压升的代数和 v_{SS1}，将以上数据代入网孔电流方程的标准公式，建立第 1 个网孔的网孔电流方程。需要注意的是：标准方程中互电阻的符号和网孔电流的参考方向有关。若流经互电阻的两个网孔电流方向相同，则互电阻的符号为正；若流经互电阻的两个网孔电流方向相反，则互电阻的符号为负。为了简化电路分析，通常将所有的网孔电流假设为顺时针方向，则所有互电阻的符号均为负，无须再进行符号判断。

（3）重复第（2）步，直到 $b-(n-1)$ 个网孔电流方程建立完毕为止。

（4）联立求解由步骤（2）和（3）所得的方程组，即解得各网孔电流。

（5）根据电路中其他支路电流或支路电压与网孔电流的关系求出所需解。

（6）若电路中含有受控源，则把受控源当作独立源处理，为其列写附加方程。列写的方法是：找到控制量所在支路，找出该控制量和网孔电流的关系，并用网孔电流表示该控制变量，该式即为附加方程。

2. 几种特殊情况的处理

（1）电路中仅含电压源/受控电压源（后面统称电压源）的情况，按标准方程规则列式，并为受控源的控制变量列写附加方程。

（2）电路中含有电流源/受控电流源（后面统称电流源）的情况。分两种情况讨论：

① 若电流源位于网孔外围，则该网孔电流是已知的，网孔电流＝电流源电流，按标准方程规则列式。

② 若电流源位于公共支路上（两个独立网孔之间），则需假设其两端的电压 v_x，并在列写标准方程时考虑该电源电压，另外还需要为电流源列写附加方程（电流源电流与网孔电流的关系）。

3. 电路分析方法的选择

电路分析方法的选择一般没有固定的方式，总体来说，如果节点数量较少，而网孔数量较多，则尽量采用节点电压法；反之，如果节点数量较多，而网孔数量较少，则可采用网孔电流法。其次还要根据电源的类型和连接关系来选择合适的方法。也有一些特殊情况的电路，如含有运算放大器的电路和非平面电路，一般只用节点电压法列方程，而含有晶体三极管的电路一般只用网孔分析法列写方程。

3.2.5　回路分析法

回路分析法是将回路电流作为独立变量列写电路方程的一种方法。回路电流取自基本回路，基本回路的选取要借助于树的概念，而树的概念来自拓扑图。下面简要说明和解释与回路电流相关的物理概念和定义。

（1）电路的拓扑图：包含电路中的所有支路和节点，支路用线段表示，节点用端点表示。线段上有箭头的拓扑图称为有向图，无箭头的拓扑图称为无向图。箭头方向通常代表支路电压或支路电流的参考方向。其中，拓扑图中的闭合路径称为回路。

（2）树：一个连通图的树包含拓扑图的全部节点和部分支路，是连通的，但不构成回路。其中，树上的支路称为树支，树上不包含的支路称为连支。

（3）基本回路：在树上任加一条连支就构成回路，只包含一条连支的回路称为基本回路。基本回路的个数取决于连支的个数 $b-(n-1)$。

（4）回路电流：基本回路中连支上的电流。回路电流是实际电流，不同于网孔电流（假想电流）。

列写回路电流方程的步骤如下：

① 选取基本回路，有几个基本回路就需列写几个回路电流方程；

② 假设回路电流，并为每个基本回路列写 KVL 方程。注意：所有支路电压均用回路电流表示；

③ 联立方程组，求解回路电流。

由于基本回路的选取以及回路方程的列写较为复杂，因此回路分析法实际应用相对较少，在本书中不作为重点讲解。

3.3　典型例题分析

【例 3.1】 已知电路如图 3.2 所示。

（1）求支路电压 v 和支路电流 i。

（2）求两个受控源的功率 $P_{1.5i}$ 和 $P_{0.5v}$，并判断是提供功率还是吸收功率。

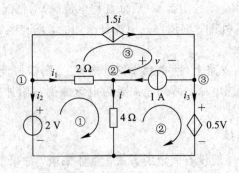

图 3.2　例 3.1 的电路图

题意分析：

不少初学者刚接触到这类较为复杂的电路模型时，有些无从下手。主要原因是该电路的回路个数、节点个数以及元件个数较多，如果列出所有的方程（KCL、KVL 和 VCR），再联立求解方程组，则会造成分析计算的复杂度上升。

在介绍基尔霍夫电流定律时，已证明一个包含 n 个节点、b 条支路的电路可以列写 $n-1$ 个独立的 KCL 方程。在如图 3.2 所示的电路中，一共有 4 个节点，故可列写 $4-1=3$ 个独立的 KCL 方程，且在这些方程中包含了所有的支路电流信息。同时，该电路一共可以列写 $b-(n-1)=6-(4-1)=3$ 个独立的 KVL 方程，且在这些方程中包含了所有的支路电压信息。另外，该电路还可以列写 $b=6$ 个 VCR 方程。如果将以上方程全部列出，总共需要列写 $3+3+6=12$ 个电路方程。在本例中是否需要将所有的电路方程都一一列写呢？接下来讨论例 3.1 中每种类型电路方程个数的确定。

（1）在列写电路方程时，应尽量减少假设的变量个数，因为变量的个数等同于方程数量。为了减少方程数量，一般不为电流源或受控电流源支路列写 KVL 方程，不为电压源或受控电压源支路列写 KCL 方程。故无须假设 $0.5v$ 受控电压源的电流和 $1.5i$ 受控电流源的电压，即无须为回路③和节点③分别列写 KVL 和 KCL 方程。

本例中，假设流过 2 Ω 电阻和 2 V 电压源的电流分别为 i_1 和 i_2（此处 2 V 电压源的电流需假设，否则受控源电流源的电流信息无法在电路方程中体现），分别列写节点①和②的 KCL 方程：

$$\begin{cases} -1.5i-i_1-i_2=0 \\ i_1-i+1=0 \end{cases} \tag{3.1}$$

列写回路①和②的 KVL 方程：

$$\begin{cases} 2i_1+4i-2=0 \\ v+0.5v-4i=0 \end{cases} \tag{3.2}$$

式（3.1）和式（3.2）中一个有 4 个变量，共列写了 4 个电路方程，联立方程组，求得

$$\begin{cases} i_1=-\dfrac{1}{3}\text{A},\ i_2=-\dfrac{2}{3}\text{A} \\ i=\dfrac{2}{3}\text{A},\ v=\dfrac{16}{9}\text{V} \end{cases} \tag{3.3}$$

（2）受控源的功率＝受控源支路的端电压×端电流。其中，流控电流源的端电压用节

点电压表示为 $2-0.5v$，参考极性左"＋"右"－"，且与电流 $1.5i$ 呈关联参考方向，故流控电流源的功率为

$$P_{1.5i} = (2-0.5v) \times 1.5i = \frac{10}{9} \text{W} > 0 \quad 吸收功率 \tag{3.4}$$

压控电压源的电流用 KCL 表示为 $1.5i-1$，参考方向向下。压控电压源的电压 $0.5v$ 和电流 $1.5i-1$ 呈关联参考方向，故其功率为

$$P_{0.5v} = 0.5v \times (1.5i-1) = 0 \quad 吸收功率等于 0 \tag{3.5}$$

【**例 3.2**】　用节点电压法求图 3.3(a)所示电路的电压 v。

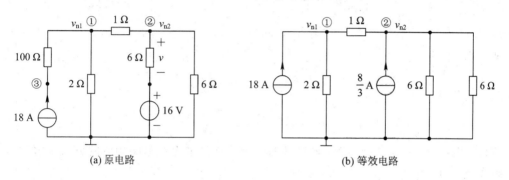

(a) 原电路　　　　　　　　　　　(b) 等效电路

图 3.3　例 3.2 的电路图

题意分析：

图 3.3(a)电路中共有 5 个节点，把最底下的节点作为参考点。通常将右侧电压源与电阻的串联支路等效为电流源和电阻的并联支路，将左侧电流源与电阻的串联支路等效为电流源本身，其中 $100\ \Omega$ 电阻被化简之后将不再考虑。这两种化简方法都能起到减少电路独立节点个数的作用。经化简之后的电路如图 3.3(b)所示。

图 3.3(b)所示电路中共有三个节点，其中 1 个设置为参考节点，节点①和节点②被称为独立节点，每个独立节点的自电导和互电导都可以直接从电路中找出。

列写节点①和②的节点电压方程为

$$\begin{cases} \left(\dfrac{1}{2}+\dfrac{1}{1}\right)v_{n1} - \dfrac{1}{1}v_{n2} = 18 \\ -\dfrac{1}{1}v_{n1} + \left(\dfrac{1}{1}+\dfrac{1}{6}+\dfrac{1}{6}\right)v_{n2} = \dfrac{8}{3} \end{cases} \tag{3.6}$$

求解式(3.6)，可得

$$\begin{cases} v_{n1} = \dfrac{80}{3}\ \text{V} \\ v_{n2} = 22\ \text{V} \end{cases} \tag{3.7}$$

需要说明的是，原电路中待求的电压 v 经过等效变换后，在图 3.3(b)中"消失"了。这是因为等效是对外部电路而言的，而 v 在等效变换支路的内部电路发生了变化，因此 v 的求解仍然要回到原来的电路中进行。由电压 v 与节点电压的关系可得

$$v = v_{n2} - 16 = 6\ \text{V} \tag{3.8}$$

在上述例子中，按照常规的处理方式进行电源的等效变换，然后再按照等效电路列写节点电压方程。这样的等效变换是否是必需的呢？答案是不一定。事实上，应用节点电压

法分析时也可以不作等效化简。若不作化简，则需要针对节点③和节点④列写节点电压方程，并在方程列写过程中考虑 100 Ω 这个互导的存在。应用标准方程推导 4 个独立节点的节点电压方程：

$$\begin{cases} \left(\dfrac{1}{2}+\dfrac{1}{1}+\dfrac{1}{100}\right)v_{n1}-\dfrac{1}{1}v_{n2}-\dfrac{1}{100}v_{n3}=0 \\[2mm] -\dfrac{1}{1}v_{n1}+\left(\dfrac{1}{1}+\dfrac{1}{6}+\dfrac{1}{6}\right)v_{n2}-\dfrac{1}{6}v_{n4}=0 \\[2mm] \dfrac{1}{100}v_{n3}-\dfrac{1}{100}v_{n1}=18 \\[2mm] v_{n4}=16 \end{cases} \tag{3.9}$$

解得

$$\begin{cases} v_{n1}=\dfrac{80}{3}\text{V}, \quad v_{n2}=22\text{ V} \\[3mm] v_{n3}=16\text{ V}, \quad v_{n4}=\dfrac{5480}{3}\text{V} \end{cases} \tag{3.10}$$

从而获得电压 $v=v_{n2}-16=6$ V，同时证明了上述化简过程对电路响应的分析求解没有任何影响。

【例 3.3】 用节点电压法求图 3.4 所示电路中的电流 i。

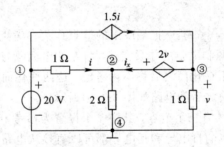

图 3.4　例 3.3 的电路图

题意分析：

如图 3.4 所示的电路中，若选节点④为参考节点，显然节点①和参考点之间有且仅有一个电压源，故该节点电压是已知的，可以直接列写节点电压表达式。受控电压源 $2v$ 位于两个独立节点②和③之间，由于节点电压方程的本质是一个 KCL 方程，而受控电压源 $2v$ 上通常会有电流流过，因此在列写节点电压方程时，必须考虑该受控电压源的电流。假设受控电压源 $2v$ 上的电流为 i_x，参考方向如图 3.4 所示。参考节点电压法标准方程的列写规则，3 个独立节点的节点电压方程表示为

$$\begin{cases} v_{n1}=20 \\[2mm] -\dfrac{1}{1}v_{n1}+\left(\dfrac{1}{1}+\dfrac{1}{2}\right)v_{n2}=i_x \\[2mm] \dfrac{1}{1}v_{n3}=1.5i-i_x \end{cases} \tag{3.11}$$

图 3.4 所示的电路中节点电压变量有 3 个，控制变量有 2 个，新增变量有 1 个，因此方

程个数(3 个)少于电路中总的变量个数(6 个)，还需要列写附加方程。其中，受控电压源的控制变量 v 在控制支路中可以用节点电压表示，引入的附加方程为

$$v_{n3} = v \tag{3.12}$$

受控电流源的控制变量 i 在控制支路中也可以用节点电压表示，引入的附加方程为

$$v_{n1} - v_{n2} = 1 \times i \tag{3.13}$$

另外，在所列的电路方程中，没有体现受控电压源电压的信息，故电路方程的信息是不完备的，需要为受控电压源的电压列写附加方程。根据受控电压源的电压和节点电压的关系，可得

$$v_{n2} - v_{n3} = 2v \tag{3.14}$$

联立式(3.11)～式(3.14)，分析计算可得

$$\begin{cases} v_{n1} = 20 \text{ V}, \ v_{n2} = 15 \text{ V}, \ v_{n3} = 5 \text{ V} \\ i = 5 \text{ A}, \ v = 5 \text{ V}, \ i_x = 2.5 \text{ A} \end{cases} \tag{3.15}$$

【例 3.4】　图 3.5(a)是一个包含理想集成运放的求差电路，试用节点电压法分析电路的输入/输出关系(v_{i1}、v_{i2} 和 v_o)。

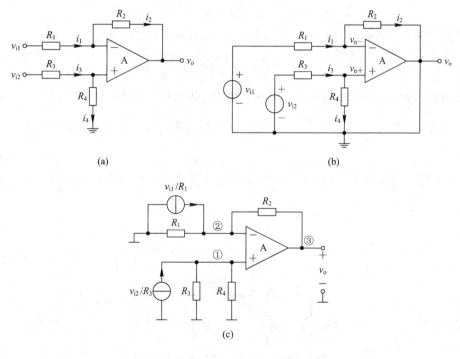

图 3.5　例 3.4 的电路图

题意分析：

在学习节点电压法之前，该电路的分析和求解完全依赖于基尔霍夫定律。本章学习的节点电压法可以用于求解包含理想集成运放的电路，分析过程和求解步骤与其他电阻电路的分析方法基本一致。

需要注意的地方集中在以下两点：

(1) 由于工作在线性区域的集成运放满足"虚断"条件，故列写节点电压方程时，理想

集成运放的两个输入端可视为开路处理。

（2）集成运放的输出节点必须要考虑其节点电压，但一般不对该节点列写节点电压方程。这是因为集成运放输出端电流的大小和方向是未知的，如果针对输出端列写电路方程，需要假设集成运放的流出电流，这相当于增加一个方程的同时又增加了一个变量，而且对分析电路没有帮助。

将图 3.5(a) 所示的电路改画为如图 3.5(b) 所示的电路，图 3.5(a) 和图 3.5(b) 的区别在于输入电压画成了独立电压源的形式，这样画法的电路结构在列写节点电压方程时更容易被理解。图 3.5(b) 所示电路中，有两条支路是电压源和电阻的串联支路，可以先将该支路转换为电流源和电阻的并联支路，再运用节点电压法进行分析，其等效电路如图 3.5(c) 所示。该电路除了参考节点外，还有运放同相输入端、反相输入端和输出端共 3 个独立节点，依次假设为节点①、②和③。

分别针对节点①和节点②列写节点电压方程：

$$\begin{cases} \left(\dfrac{1}{R_3}+\dfrac{1}{R_4}\right)v_1=\dfrac{v_{i2}}{R_3} \\ \left(\dfrac{1}{R_1}+\dfrac{1}{R_2}\right)v_2-\dfrac{1}{R_2}v_3=\dfrac{v_{i1}}{R_1} \end{cases} \tag{3.16}$$

由"虚短"可知，$v_1=v_2$，又因 $v_3=v_o$，将上述两式代入式（3.16）可得

$$v_o=\left(1+\frac{R_2}{R_1}\right)\frac{R_4}{R_3+R_4}v_{i2}-\frac{R_2}{R_1}v_{i1} \tag{3.17}$$

由该题可知，在含有理想集成运放的电路中，适当运用节点电压法可以减少方程的数目。当电路参数设计满足 $\dfrac{R_2}{R_1}=\dfrac{R_4}{R_3}=k$ 时，式（3.17）可化简为标准的减法运算形式：

$$v_o=k(v_{i2}-v_{i1}) \tag{3.18}$$

【例 3.5】 列写如图 3.6 所示电路的节点电压方程和附加方程，并计算电压 v 和电流 i 值。

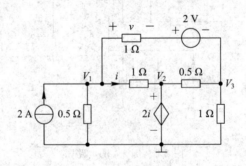

图 3.6　例 3.5 的电路图

题意分析：

该电路中一共有 4 个独立节点（注意 1 Ω 电阻和 2 V 电压源之间有个独立节点）。通常会利用电源的等效变换规律将该节点化简掉，然后再进行电路方程的列写。1 Ω 电阻和 2 V 电压源支路可等效为 2 A 电流源和 1 Ω 电阻的并联支路（其中电流源的电流方向向左）。化简后，分别列写剩余 3 个节点的节点电压方程：

$$
\begin{cases}
\left(\dfrac{1}{0.5}+\dfrac{1}{1}+\dfrac{1}{1}\right)v_1-\dfrac{1}{1}v_2-\dfrac{1}{1}v_3=2+\dfrac{2}{1} \\[2mm]
v_2=2i \\[2mm]
-\dfrac{1}{1}v_1-\dfrac{1}{0.5}v_2+\left(\dfrac{1}{1}+\dfrac{1}{0.5}+\dfrac{1}{1}\right)v_3=-\dfrac{2}{1}
\end{cases}
\tag{3.19}
$$

列写受控源控制变量 i 的附加方程：

$$
1\times i=v_1-v_2
\tag{3.20}
$$

联立式(3.19)和式(3.20)，可得

$$
\begin{cases}
v_1=\dfrac{14}{11}\text{V} \\[2mm]
v_2=\dfrac{28}{33}\text{V} \\[2mm]
v_3=\dfrac{8}{33}\text{V} \\[2mm]
i=\dfrac{14}{33}\text{A}
\end{cases}
\tag{3.21}
$$

在列写节点电压方程时，将 1 Ω 电阻和 2 V 电压源的串联支路进行了等效化简。化简前后的两个电路对外电路而言是等效的，即上述分析结果中的节点电压大小在等效前后是不变的。但是化简前后的电路对内部电路而言是不等效的，故分析 1 Ω 电阻支路电压 v 时，需要回到原电路进行分析。在原电路中可以获得如下关系：

$$
v=v_1-v_3-2
\tag{3.22}
$$

解得 $v=-\dfrac{32}{33}\text{V}$。

【例 3.6】 用网孔电流法求图 3.7 中的电流 i。

题意分析：

该题与例 3.3 中节点电压法的电路图十分相似，唯一不同的地方在于 1.5i 受控电流源支路上串联了一个 3 Ω 电阻。前面已经强调，在用网孔电流法列写电路方程时，要特别注意电流源所在支路及所处的位置，特别是电流源支路串联其他元件如电阻的情况。

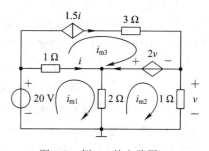

图 3.7　例 3.6 的电路图

由于受控电流源支路处于网孔外围，受控电流源电流的大小即网孔电流大小，与串联的 3 Ω 电阻无关(可以理解为该支路对外电路来说可以等效一个受控电流源)。假设 3 个网孔的网孔电流大小分别为 i_{m1}、i_{m2} 和 i_{m3}，参考方向均为顺时针方向。网孔电流方程可表示为

$$
\begin{cases}
(1+2)i_{m1}-2i_{m2}-i_{m3}=20 \\
-2i_{m1}+(1+2)i_{m2}=-2v \\
i_{m3}=1.5i
\end{cases}
\tag{3.23}
$$

显然，上述方程组中变量数目大于方程数目，因此需要列写附加方程，寻找受控源的控制变量和网孔电流之间的关系，为受控源的控制变量列写附加方程。由受控电压源控制变量 v 引入的附加方程为

$$v = 1 \times i_{m2} \tag{3.24}$$

由受控电流源控制变量 i 引入的附加方程为

$$i = i_{m1} - i_{m3} \tag{3.25}$$

联立式(3.23)~式(3.25)，可以解得

$$\begin{cases} i_{m1} = 12.5 \text{ A}, \ i_{m2} = 5 \text{ A}, \ i_{m3} = 7.5 \text{ A} \\ v = 5 \text{ V}, \ i = 5 \text{ A} \end{cases} \tag{3.26}$$

由此可见，网孔电流法得到的结果和节点电压法所得最终结果是完全一样的。这也再次证明 $1.5i$ 受控电流源支路上串联的 $3 \ \Omega$ 电阻不影响求解的结果。

【例 3.7】 用网孔电流法求图 3.8 中的电流 i。

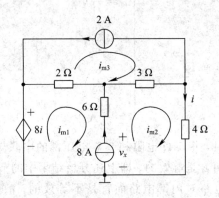

图 3.8　例 3.7 的电路图

题意分析：

例 3.7 与例 3.6 不同之处在于，8 A 的电流源位于两个网孔的公共支路上，而且该电流源还串联了一个 $6 \ \Omega$ 电阻。一般来说，该电流源上是有电压的，由于网孔电流法本质上是一个 KVL 方程，则需为电流源支路两端假设一个未知的电压 v_x，如图 3.8 所示。而对串联的 $6 \ \Omega$ 电阻的处理方法解释如下：

(1) 对串联支路($6 \ \Omega$ 和 8 A)以外的电路来说，它可以等效为一个 8 A 的电流源，因此 $6 \ \Omega$ 电阻并不影响该支路以外电路分析的结果。

(2) 在列写网孔电流方程时，涉及对该支路内部电压的分析，故 $6 \ \Omega$ 电阻在此处不能被化简，仍须保留。

假设 3 个网孔的网孔电流大小分别为 i_{m1}、i_{m2} 和 i_{m3}，参考方向均为顺时针方向，假设 8 A 电流源的电压大小为 v_x，电压极性上正下负，如图 3.8 所示。3 个网孔的网孔电流方程分别表示为

$$\begin{cases} (2+6)i_{m1} - 6i_{m2} - 2i_{m3} = 8i - v_x \\ -6i_{m1} + (3+4+6)i_{m2} - 3i_{m3} = v_x \\ i_{m3} = -2 \text{ A} \end{cases} \tag{3.27}$$

上式中有 5 个变量，因此还需要两个附加方程。其中受控电压源控制量 i 引入的附加方程为

$$i = i_{m2} \tag{3.28}$$

8 A 电流源支路假设的电压变量 v_x 引入的附加方程为

$$i_{m2} - i_{m1} = 8 \tag{3.29}$$

解得

$$i_{m1}=-2\text{ A}，i_{m2}=6\text{ A}，v_x=96\text{ V}，i=6\text{ A} \tag{3.30}$$

　　如果例 3.7 中不考虑 8 A 电流源支路串联的 6 Ω 电阻，也可以设串联后该支路总的电压为 v_x'，如图 3.9 所示。在此情况下可以"无视"6 Ω 电阻的存在。结合图 3.8 的电路容易发现：

$$v_x'=v_x-8\times 6=96-48=48\text{ V} \tag{3.31}$$

重新列写网孔电流方程并进行求解，可得

$$\begin{cases} 2i_{m1}-2i_{m3}=8i-v_x' \\ (3+4)i_{m2}-3i_{m3}=v_x' \\ i_{m3}=-2\text{ A} \end{cases} \tag{3.32}$$

　　式中有 5 个变量，还需要列写两个附加方程。受控电压源控制量 i 引入的附加方程为

$$i=i_{m2} \tag{3.33}$$

8 A 电流源和 6 Ω 电阻的串联支路两端假设的电压变量 v_x' 引入的附加方程为

$$i_{m2}-i_{m1}=8 \tag{3.34}$$

联立式(3.32)~(3.34)，分析可得

$$\begin{cases} i_{m1}=-2\text{ A}，i_{m2}=6\text{ A} \\ v_x'=48\text{ V}，i=6\text{ A} \end{cases} \tag{3.35}$$

与方法一讨论的结果也相吻合。

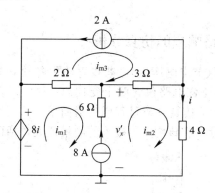

图 3.9　电流源位于公共支路的不同处理方法

【例 3.8】　列写图 3.10 所示电路的网孔电流方程和附加方程。

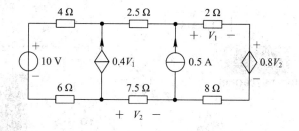

图 3.10　例 3.8 的电路图

题意分析：

　　图 3.10 所示的电路结构较为复杂，需要先判断列写的网孔电流方程个数和附加方程个数。该电路总共包含 3 个网孔，故需要列写 3 个网孔电流方程；因该电路包含 2 个受控

源，故需要列写 2 个针对受控源控制变量的附加方程；在左网孔和中间网孔之间，以及中间网孔和右网孔之间的公共支路上，各有一个电流源（受控电流源），需要假设电流源（受控电流源）的电压，并为其电流列写附加方程。因此，若利用网孔法列写该电路方程，共需列写 3＋2＋2＝7 个方程。

假设受控电流源的电压为 v_{x1}，极性上正下负；0.5 A 电流源的电压为 v_{x2}，极性上正下负。列写三个网孔的网孔电流方程：

$$\begin{cases} (4+6)i_{m1}=10-v_{x1} \\ (2.5+7.5)i_{m2}=v_{x1}-v_{x2} \\ (2+8)i_{m3}=v_{x2}-0.8v_2 \end{cases} \tag{3.36}$$

列写因受控源引入的附加方程：

$$\begin{cases} v_1=2i_{m3} \\ v_2=-7.5i_{m2} \end{cases} \tag{3.37}$$

列写两个独立网孔公共支路上的电流源因假设电压所引入的附加方程：

$$\begin{cases} i_{m2}-i_{m1}=0.4v_1 \\ i_{m3}-i_{m2}=0.5 \end{cases} \tag{3.38}$$

3.4　仿　真　实　例

3.4.1　例 3.3 中的各支路响应的仿真分析

例 3.3 中通过理论分析（节点电压法）已获得电路中各独立节点的电压大小，并以此推断出支路电流 i 的大小。由于该电路包含两个受控源，分析计算过程较为复杂。如果运用 Multisim 软件进行电路仿真，仿真分析过程则较为简单。

仿真电路如图 3.11 所示。在该图中，接入的测量仪表包括两个并联的电压表和一个串

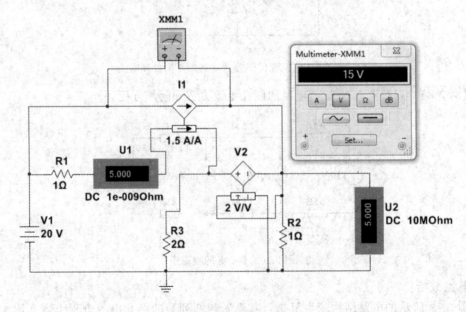

图 3.11　例 3.3 电路的仿真电路和分析结果

联的电流表。电表旁边的"Ohm"表示电阻的单位是 Ω，"1e-009 Ohm"代表电流表的内阻是 10^{-9} Ω，"10M Ohm"代表电压表的内阻是 10 MΩ。这些参数的设置是为了模拟实际仪表的内阻而设置的，使仿真结果更接近于真实情况。仪表 XMM1 代表数字万用表，测量的是受控电流源两端的电压。双击仪表 XMM1 图标，弹出如图所示的控制面板，并设置直流电压挡。若运行结果无误，仪表显示的读数即为测量的电压值或电流值。结果表明，R_1 上的电流是 5 A，R_2 两端的电压是 5 V，而受控电流源两端的电压是 15 V，与例 3.3 中理论分析结果完全一致。

3.4.2　节点电压和网孔电流的仿真测试

利用仿真软件测量例 3.2 所示电路中的节点电压，仿真电路如图 3.12(a)所示。在测试节点电压时，将电压探针放置在待测节点上，运行仿真按钮，测量结果即为该节点的对地电压。4 个节点电压的测量结果分别为 $v_{n1} = 26.7$ V，$v_{n2} = 22$ V，$v_{n3} = 16$ V 和 $v_{n4} = 1830$ V，与例 3.2 中的分析结果基本一致的。

测量例 3.7 所示电路中的网孔电流，仿真电路如图 3.12(b)所示。网孔电流是假想电流；但也是网孔边界的电流，可通过对网孔边界电流的测量获得网孔电流的大小。在导线上放置电流探针时，注意箭头的指向要符合假设的网孔电流方向。可以通过选中电流探针，再按下鼠标右键，选择"Reverse probe direction"的方法来改变参考方向。运行仿真按钮，测量结果即为该网孔的网孔电流。3 个网孔电流的测量结果分别为 $i_{m1} = -2$ A，$i_{m2} = 6$ A 和 $i_{m3} = -2$ A，与例 3.7 中的分析结果是一致的。

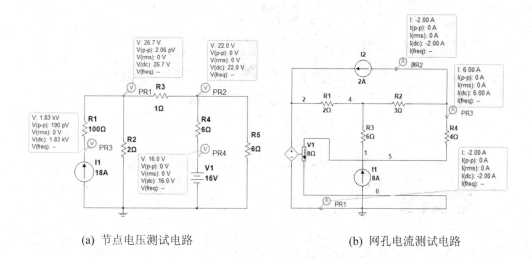

(a) 节点电压测试电路　　　　　　　　　(b) 网孔电流测试电路

图 3.12　节点电压和网孔电流的仿真测试电路

第 4 章　电路性质和定理

4.1　学习纲要

4.1.1　思维导图

比例性和叠加性是线性电路的两大基本性质。它体现了线性电路中激励与响应的关系，且该性质与激励源无关。线性电路的性质是其本身所固有的，可以作为判断该电路是否为线性电路的依据。

电路定理是指在电路变量与激励电源之间遵循的特定关系以及电路特有的形式，如含源线性单口网络中的等效定理——戴维南定理和诺顿定理。

本章研究的主要内容包括线性电路的性质（比例性和叠加性）、单口网络等效定理（戴维南定理和诺顿定理）、电阻电路的最大功率传递定理、置换定理和互易定理等内容，具体框架和内容见图 4.1。

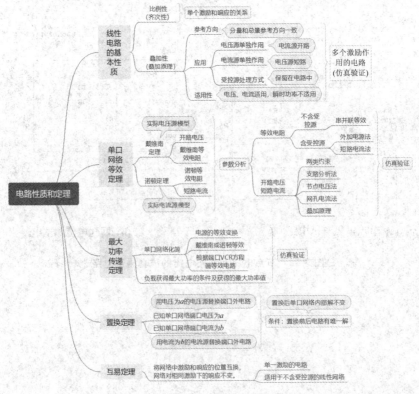

图 4.1　思维导图

4.1.2　学习目标

表 4.1 所示为本章的学习目标。

表 4.1　学习目标

序号	学习要求	学习目标
1	记忆	直流电路获得最大功率的条件及获得的最大功率值计算公式
2	理解	① 比例性和叠加性的应用步骤和应用场合； ② 开路电压、短路电流和等效电阻的定义及三者之间的关系； ③ 直流电路最大功率传递定理推导； ④置换定理和互易定理的基本概念
3	分析	① 利用比例性和叠加性分析求解电路响应； ② 利用电路的等效规律、分析方法或定理求解开路电压或短路电流； ③ 利用串并联等效、短路电流法或外施电源法求含源线性单口网络所对应的无源网络的等效电阻； ④ 电阻电路负载最大功率的计算
4	应用	① 交直流信号叠加及在晶体管放大电路中的应用； ② 应用戴维南定理或诺顿定理等效实际电源； ③ 应用最大功率传递定理分析复杂网络的最大功率

4.2　重点和难点解析

4.2.1　线性电路的比例性和叠加性

1. 线性电路

所谓线性电路是指组成电路的各元件(除独立电压源和独立电流源外)都是线性元件。本书涉及的线性元件主要包括线性电阻(其电压和电流呈正比例关系)、线性受控源(控制量和受控量呈正比例关系)、线性电感(其磁通和电流呈正比例关系)和线性电容(其电荷和电压呈正比例关系)等元件。

2. 线性电路比例性和叠加性的应用

线性电路的比例性是指仅含有一个激励电源的线性电路中，任意支路的响应与该激励之间存在正比例关系，比例性也称为均匀性或齐次性。若激励为 $e(t)$，响应为 $r(t)$，则有

$$r(t) = Ke(t) \tag{4.1}$$

叠加性表示为：在线性电路中，由多个独立电源共同作用产生的响应等于各个独立电源分别单独作用时所产生响应的代数和。结合比例性，当线性电路中有多个激励源时，其总响应可以表达成如下形式：

$$r(t) = K_1 e_1(t) + K_2 e_2(t) + \cdots + K_m e_m(t) \tag{4.2}$$

式中，K_1，K_2，$\cdots$，K_m 为实常数，而 $K_i e_i(t)$ 是第 i 个激励源 $e_i(t)$ 产生的响应分量。该式表明，线性电路中不管有多少个激励电源，电路响应都是激励源一次项的加权组合。换句话说，如果电路中含有多个激励，那么当某个激励增大或减小 K 倍时，响应分量和激励呈正比关系，但总响应和激励不呈正比关系。

在运用叠加性时，不作用（置零）的处理方法是：独立电压源用导线模型代替，独立电流源用开路模型代替，其他元件均保留在电路中，且保持原来的拓扑结构不变。叠加性的**应用步骤**可以归纳如下：

（1）当其中一个独立源单独作用时，将其他独立源置零，得到此时的电路分解图，并求出在该独立源作用下所引起的响应分量；

（2）对其余每一个独立源重复步骤（1）；

（3）将各个独立源单独作用产生的响应分量进行代数求和，求得总的响应。

在应用叠加性时的**注意事项**如下：

（1）单独作用或者置零的激励电源仅指独立电源。对于受控源，既不能单独作用，也不能置零，而是要像电阻一样保留在电路中。注意受控源只有在应用网孔电流法或节点电压法分析时，才能将其视为独立源处理。

（2）叠加性仅适用于线性电路中支路电流和支路电压的求解，不适用于线性电路中瞬时功率的求解。

（3）在分析响应分量（每个激励单独作用）和响应总量（所有激励共同作用）时，各支路电压电流的参考方向必须统一，否则将不能验证其叠加性。

4.2.2　戴维南定理和诺顿定理

戴维南定理和诺顿定理可以实现对任何含源线性单口网络的等效化简。戴维南定理指出：任意一个含源线性单口网络 N，就其对外电路的作用而言，可以用一个理想电压源和一个线性电阻的串联支路来等效。其中，理想电压源的电压等于单口网络 N 的端口开路电压 v_{OC}，串联电阻 R_0 即单口网络 N 中所有独立源置零后所得无源网络 N_0 的等效电阻，戴维南等效电路如图 4.2(a)所示。

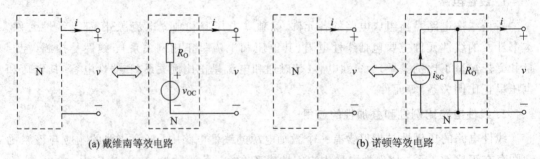

(a) 戴维南等效电路　　　　　　　　　　　　(b) 诺顿等效电路

图 4.2　含源线性单口网络最简等效电路

开路电压 v_{OC} 的求解可以运用之前介绍的所有电路分析方法。等效电阻 R_0 的分析计算方法如下：

（1）当单口网络 N 中不含受控源时，将网络内的独立电源置零（独立电压源用短路模型代替、独立电流源用开路模型代替），通过串并联等效或 Y-△等效变换求得 R_0。

（2）当单口网络 N 中含有受控源时，有以下两种方法可用于分析和求解戴维南等效电阻 R_O。

① 外加电源法：将单口网络内部独立源置零，在其端口外接一电源。外加电源的方法如图 4.3(a) 和图 4.3(b) 所示。设其端电压为 v，端电流为 i（对于电源呈非关联参考方向，但对于单口网络呈关联参考方向）。列写端口的 VCR 关系式，根据单口网络等效电阻的定义，戴维南等效电阻表示如下：

$$R_O = \frac{v}{i}\bigg|_{N_0} \tag{4.3}$$

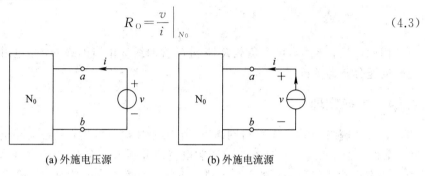

(a) 外施电压源   (b) 外施电流源

图 4.3 外施电源法求戴维南等效电阻

② 短路电流法（或称开路短路法）：此时单口网络内部独立源保留（即不置零），在端口用一根导线将其短路。假设短路电流为 i_{SC}，参考方向为向下，如图 4.4(a) 所示。单口网络 N 经戴维南等效之后，其等效电路如图 4.4(b) 所示的。由图可知，开路电压 v_{OC}、短路电流 i_{SC} 和等效电阻 R_O 三者之间满足如下关系：

$$R_O = \frac{v_{OC}}{i_{SC}} \tag{4.4}$$

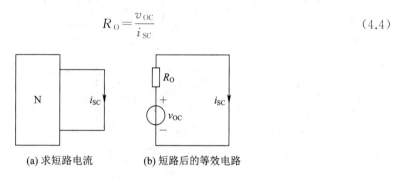

(a) 求短路电流   (b) 短路后的等效电路

图 4.4 短路电流法求戴维南等效电阻

诺顿定理与戴维南定理互为对偶形式。诺顿定理指出：任意一个含源线性单口网络 N，就其对外电路的作用而言，总可以用一个理想电流源和一个电阻的并联支路来等效。其中，理想电流源的电流等于单口网络 N 端口的短路电流 i_{SC}，并联电阻 R_O 即单口网络 N 中所有独立源置零后所得无源网络 N_0 的等效电阻，如图 4.2(b) 所示。此处的短路电流 i_{SC} 与短路电流法中提到的短路电流 i_{SC} 的定义和物理含义是一样的。短路电流 i_{SC} 的求解可以运用之前介绍的所有电路分析方法。等效电阻 R_O 的定义和分析计算方法与戴维南等效电路中的等效电阻是一样的，两者可以互相通用。

4.2.3 最大功率传递定理

研究电阻电路最大功率的传递定理，关键在于化简与负载电阻 R_L 相连的含源线性单口网络。若单口网络中不包含受控源，可采用电源的等效变换规律进行化简。若单口网络中包含受控源，可通过列写端口 VCR 方程，并依据方程画出等效电路，或利用戴维南定理或诺顿定理对单口网络进行化简。

当确定了含源线性单口网络的戴维南等效电路(一个电压为 v_{OC} 的电压源和一个电阻为 R_O 的电阻的串联支路)后，当 $R_L = R_O$ 时，负载获得最大功率。此时负载上得到的最大功率值为

$$P_{Lmax} = \frac{v_{OC}^2}{4R_O} \tag{4.5}$$

由此可见，化简与可变负载 R_L 相连的含源线性单口网络 N，是电阻电路最大功率传递定理问题分析的关键。

4.2.4　置换定理

若一个网络 N 由两个单口网络 N_1 和 N_2 通过端口相连，且各支路电压、电流均有唯一解，如图 4.5(a)所示。已知端口电压和电流值分别为 a 和 b，则 N_2(或 N_1)可以用一个电压为 a 的电压源或电流为 b 的电流源进行置换，如图 4.5(b)所示。只要置换前后网络仍有唯一解，则置换后不影响 N_1(或 N_2)内各支路电压、电流数值大小。

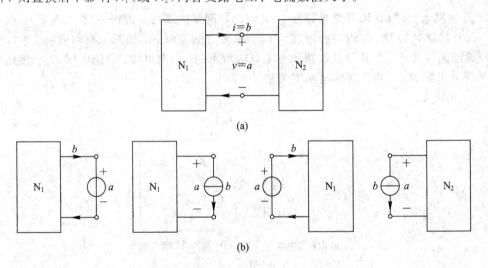

图 4.5　置换定理

利用置换定理先化简 N_1 和 N_2 网络的外电路(外电路用电压源或电流源置换，取端口电压或电流值)，得到经置换之后的等效电路；分别推导等效电路端口的 VCR 方程，联立方程组计算端口的电压和电流值；再通过置换后的两个等效电路进而求得单口网络 N_1 和 N_2 内部所有的支路电压和支路电流值。

4.2.5　互易定理

互易定理是线性电路中的另一个重要定理，适用于电路中只含有一个独立源的情况。该定理指出：线性网络中，在单一激励源作用下引起的电路响应(若电压源作为激励，则响应一般为支路电流；若电流源作为激励，则响应一般为支路电压)等于把激励源和响应的位置互换后在原来激励源所在支路产生的响应。该定理说明电压源的位置和其引起的支路

电流之间可以互换位置而不改变电流值；同样电流源的位置和其引起的支路电压之间可以互换位置而不改变电压值。需要注意的是该定理要求电压源的极性和支路电流方向必须与原来保持一致，且只适用于不含受控源的电路。

如图 4.6(a)所示，在 10 V 电压源作用下求得支路电流如下：

$$i=\frac{10}{2+6//(3+3)}\times\frac{6}{6+3+3}=2\times\frac{1}{2}=1\text{ A} \tag{4.6}$$

将电压源移动到支路电流 i 所在位置，且将所求电流放到原来电压源所在位置后，如图 4.6(b)所示(注意电压源和电流的参考方向)。此时该电流的值为

$$i=\frac{10}{2//6+3+3}\times\frac{6}{6+2}=\frac{10}{7.5}\times\frac{3}{4}=1\text{ A} \tag{4.7}$$

由此可见，最后的电流值是一样的。

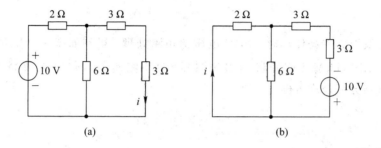

图 4.6　激励为电压源时互易定理说明示意电路

再举个电流源的例子，如图 4.7(a)所示电路，在 4 A 电流源作用下，支路电压 v 为

$$v=4\times\frac{6}{6+3+3}\times3=4\times\frac{1}{2}\times3=6\text{ V} \tag{4.8}$$

将电流源移动到支路电压 v 所在位置即并联到 3 Ω 电阻上，且将所求电压移动到原来电流源所在位置，如图 4.7(b)所示(注意电压和电流源的参考方向)。此时该电流的值为

$$v=4\times\frac{3}{6+3+3}\times6=4\times\frac{1}{4}\times6=6\text{ V} \tag{4.9}$$

由此可见，最后的电压值也是一样的。

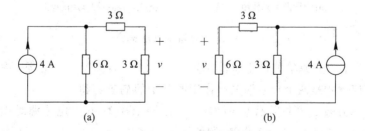

图 4.7　激励为电流源时互易定理说明示意电路

4.3　典型例题分析

【例 4.1】　已知电路如图 4.8 所示，当 i_s 为何值时，电流 i 为 3A？

题意分析：

由该题的电路结构可知，无论采用节点电压法还是网孔电流法，均需要列写多个电路方程，其计算过程比较复杂。且由于 i_s 未知，分析过程比较烦琐。如果应用叠加原理，其电压源或电流源单独作用的分解电路结构都较为简单，此时电路变量 i 的分量求解过程较为容易。

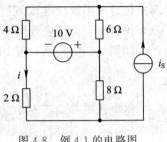

图 4.8　例 4.1 的电路图

（1）当 10 V 电压源单独作用时，电流 i_s 开路处理，得到如图 4.9(a) 所示的分解电路。图中 8 Ω 电阻和 2 Ω 电阻串联，4 Ω 电阻和 6 Ω 电阻串联，两条串联支路再与 10 V 电压源支路并联，易知

$$i' = -\frac{10}{2+8} = -1 \text{ A} \tag{4.10}$$

（2）当电流源 i_s 单独作用时，10 V 电压源短路处理，得到如图 4.9(b) 所示的分解电路。图中 8 Ω 电阻和 2 Ω 电阻并联，4 Ω 电阻和 6 Ω 电阻并联，两个并联支路再与 i_s 电流源支路串联。根据分流公式可得

$$i'' = \frac{8}{2+8} \times i_s = 0.8 i_s \tag{4.11}$$

由叠加原理可知

$$i = i' + i'' = -1 + 0.8 i_s = 3 \text{ A} \tag{4.12}$$

即 $i_s = 5$ A。

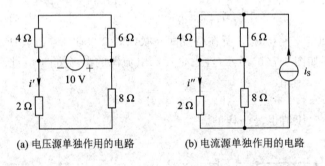

(a) 电压源单独作用的电路　　　　　(b) 电流源单独作用的电路

图 4.9　叠加原理分解图

注意： 在两个独立源单独作用时，响应分量 i' 和 i'' 的参考方向必须一致，这样经叠加之后的电路响应 i 才是两个独立源共同作用所产生的响应之和。

【例 4.2】　如图 4.10(a) 所示的电路图中，已知未接 10 mA 电流源时 18 kΩ 电阻上的电流 $i = 2.5$ mA。当接入 10 mA 电流源后，i 变为多少？

题意分析：

该题的特点是电路中的电压源和电流源的参数值均是未知的，因此无法确定所有支路电流和支路电压的响应。本题的待求变量集中在 18 kΩ 电阻的电流 i 上。可将 v_s 和 i_s 独立源作为一组独立源，外接的 10 mA 电流源作为一组独立源来处理，分别讨论两组独立源单独作用时的电路响应，再根据叠加原理计算总响应分量。

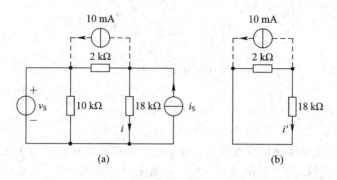

图 4.10 含未知电源的电路

（1）当 10 mA 电流源单独作用时，电压源 v_S 短路，电流源 i_S 开路，得到如图 4.10(b) 所示的分解电路，并将 18 kΩ 电阻上的电流 i 的大小设为 i'，利用分流公式可得

$$i' = -\frac{2}{2+18} \times 10 = -1 \text{ mA} \tag{4.13}$$

（2）根据已知条件，当 v_S 和 i_S 这组独立源单独作用时，10 mA 电流源开路处理（即未接入 10 mA 电流源的情况）。此时 18 kΩ 电阻上的电流 i 的大小设为 i''，根据已知条件，$i'' = 2.5$ mA。

根据叠加原理，当接入 10 mA 电流源后，总的电流响应 i 为

$$i = i' + i'' = -1 + 2.5 = 1.5 \text{ mA} \tag{4.14}$$

【例 4.3】 已知电路如图 4.11(a) 所示，利用叠加性求解电压 v 和电流 i。请问 6 Ω 电阻的功率是否满足叠加性。

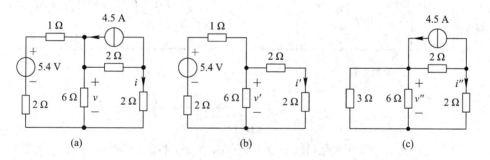

图 4.11 例 4.3 的电路图

题意分析：

应用叠加性分析电路时，先讨论 5.4 V 电压源单独作用时的电路响应，其分解电路如图 4.11(b) 所示。注意，此时 4.5 A 电流源作置零处理，待求支路电压和支路电流变量要与原电路中的总量区别表示。利用分压公式和 VCR 方程，分别求解响应分量 v' 和 i'，可得

$$\begin{cases} v' = 5.4 \times \dfrac{4 /\!/ 6}{4 /\!/ 6 + 3} = 2.4 \text{ V} \\[2mm] i' = \dfrac{v'}{2+2} = 0.6 \text{ A} \end{cases} \tag{4.15}$$

接下来讨论 4.5 A 电流源单独作用时的电路响应，其分解电路如图 4.11(c) 所示。注意，此时 5.4 V 电压源作置零处理，利用分流公式和 VCR 方程，分别求解响应分量 v'' 和

i''，可得

$$\begin{cases} i''=-4.5\times\dfrac{2}{2+3/\!/6+2}=-1.5\ \text{A} \\ v''=-i''(3/\!/6)=3\ \text{V} \end{cases} \tag{4.16}$$

利用叠加性可得

$$\begin{cases} v=v'+v''=2.4+3=5.4\ \text{V} \\ i=i'+i''=0.6-1.5=-0.9\ \text{A} \end{cases} \tag{4.17}$$

注意： 在应用叠加性分析该电路时，每个独立源单独作用时产生的响应分量和共同作用时产生的响应总量的参考方向必须一致，否则无法验证叠加性。6 Ω 电阻在独立源单独作用时的功率分别为

$$\begin{cases} P'_{6\Omega}=\dfrac{v'^2}{6}=\dfrac{2.4^2}{6}=0.96\ \text{W} \\ P''_{6\Omega}=\dfrac{v''^2}{6}=\dfrac{3^2}{6}=1.5\ \text{W} \end{cases} \tag{4.18}$$

6 Ω 电阻在两个独立源共同作用时的功率为 $P_{6\Omega}=\dfrac{v^2}{6}=\dfrac{5.4^2}{6}=4.86$ W。显然 $P_{6\Omega}=$ 4.86 W$\neq P'_{6\Omega}+P''_{6\Omega}=0.96+1.5=2.46$ W，故 6 Ω 电阻的功率不满足叠加性。

【例 4.4】 用叠加性计算题图 4.12(a)所示电路中的电压 v_{ab}。

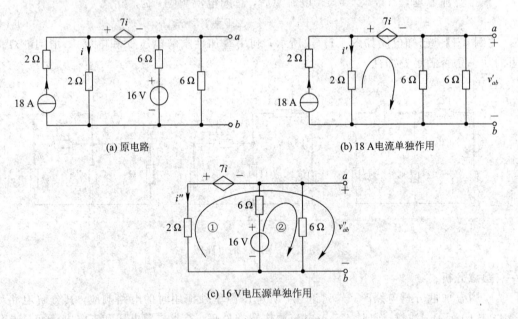

图 4.12　例 4.4 的电路图

题意分析：

图 4.12(a)中的电路不仅包含独立源，还包含受控源。在应用叠加性分析电路时，受控源不能作为独立源单独作用于电路。

讨论 18 A 电流源单独作用时的电路响应，其分解电路如图 4.12(b)所示，其中 16 V 电压源置零处理，受控源保留在电路中。选取图中回路，列写回路的 KVL 方程，并列写 2 Ω 电阻上方节点的 KCL 方程：

$$\begin{cases} 7i' + v'_{ab} - 2i' = 0 \\ 18 - i' - \dfrac{v'_{ab}}{6/\!/6} = 0 \end{cases} \tag{4.19}$$

解得 $v'_{ab} = 135$ V 和 $i' = -27$ A。

讨论 16 V 电压源单独作用时的电路响应，其分解电路如图 4.12(c)所示，其中 18 A 电流源置零处理，受控源保留在电路中。列写回路①和回路②的 KVL 方程：

$$\begin{cases} 7i'' - v''_{ab} - 2i'' = 0 \\ v''_{ab} - 16 + 6 \times \left(i'' + \dfrac{v''_{ab}}{6} \right) = 0 \end{cases} \tag{4.20}$$

解得 $v''_{ab} = 5$ V 和 $i'' = 1$ A。由叠加性可知，$v_{ab} = v'_{ab} + v''_{ab} = 5 + 135 = 140$ V。

【**例 4.5**】　如图 4.13(a)所示的电路中，N_1 和 N_2 均为含源线性单口网络，已知 N_2 端口的电压 v 和电流 i 的关系为一条直线，如图 4.13(b)所示，且该直线与水平轴和纵轴的交点标于图中。求单口网络 N_1 的戴维南等效电路。

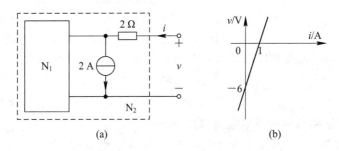

图 4.13　例 4.5 的端口特性和端口伏安特性曲线

题意分析：

方法一：单口网络 N_1 的戴维南等效电路是一个电压为 v_{OC} 的电压源和阻值为 R_O 的电阻组成的串联支路，如图 4.14(a)所示。根据图 4.14(a)所示的等效电路写出单口网络 N_2 端口的 VCR 方程：

$$v = 2i + R_O(i - 2) + v_{OC}$$

即

$$v = (2 + R_O)i + v_{OC} - 2R_O \tag{4.21}$$

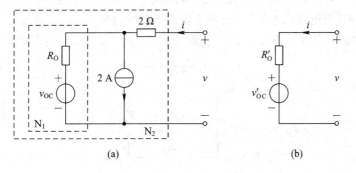

图 4.14　含戴维南等效的电路结构图

同时，对照图 4.13(b)所示的伏安关系曲线，列写单口网络 N_2 端口的 VCR 方程：

$$v = 6i - 6 \tag{4.22}$$

由于式(4.21)和式(4.22)描述的是同一个单口网络的端口特性，因此它们的 VCR 方程中对应参数应完全相等：

$$\begin{cases} 2 + R_O = 6 \\ v_{OC} - 2R_O = -6 \end{cases} \tag{4.23}$$

解得 $R_O = 4\ \Omega$，$v_{OC} = 2\ V$，即单口网络 N_1 戴维南等效电路参数。

方法二：

(1) 根据式(4.22)画出单口网络 N_2 端口的等效电路，如图 4.14(b)所示。这是一个电压为 v'_{OC} 的电压源和一个阻值为 R'_O 的电阻所构成的串联支路。其中单口网络 N_2 的戴维南等效电路参数 $v'_{OC} = -6\ V$，$R'_O = 6\ \Omega$。

(2) 根据图 4.14(a)直接求整个单口网络的戴维南等效电路参数。由图 4.14(a)可知，其开路电压 v'_{OC} 和等效电阻 R'_O 的表达式分别为

$$\begin{cases} v'_{OC} = v_{OC} - 2R_O \\ R'_O = 2 + R_O \end{cases} \tag{4.24}$$

(3) 将 v'_{OC} 和 R'_O 的参数代入式(4.24)，即

$$\begin{cases} v_{OC} - 2R_O = -6 \\ 2 + R_O = 6 \end{cases} \tag{4.25}$$

解得单口网络 N_1 戴维南等效电路参数 $R_O = 4\ \Omega$，$v_{OC} = 2\ V$。

【例 4.6】 如图 4.15 所示的电路中，N 为含源线性双口网络，当 $R_L = 5\ \Omega$ 时，$i_L = 10\ A$，$i = -5\ A$；当 $R_L = 7.5\ \Omega$ 时，$i_L = 8\ A$，$i = -8\ A$。当 $i = -12.5\ A$ 时，R_L 的值为多少？

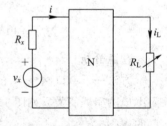

图 4.15　例 4.6 的电路图

题意分析：

如图 4.15 所示的电路中，双口网络 N 是未知网络，电压源电压 v_x 和电阻阻值 R_x 的参数值均是未知的，但是这并不影响对该电路进行分析。本例中将综合运用戴维南定理、置换定理和叠加原理进行电路分析。总体思路如下：

(1) 分析与负载 R_L 相连的单口网络的戴维南等效电路。

在已知条件中，负载 R_L 是可变的，这类电路通常考虑采用化简的方式先求与之相连的单口网络的戴维南等效电路，这有利于分析当负载变化时的电路响应，或根据已知的电路响应求负载电阻。先断开负载电阻 R_L，假设负载左侧端口的戴维南等效电路如图 4.16 所示。

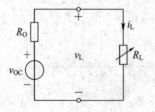

图 4.16　R_L 左侧单口网络的戴维南等效电路

列写回路的 KVL 方程：

$$v_{OC} = R_O i_L + R_L i_L \tag{4.26}$$

将负载 R_L 变化时测得的两组电流数据代入其中：

$$\begin{cases} v_{OC} = 10 R_O + 10 \times 5 \\ v_{OC} = 8 R_O + 8 \times 7.5 \end{cases} \tag{4.27}$$

联立方程组，解得 $v_{OC} = 100\ \text{V}$，$R_O = 5\ \Omega$。故式(4.26)可表示为

$$100 = (5 + R_L) i_L \tag{4.28}$$

（2）已知该电路具有唯一解，利用置换定理，用电流为 i_L 的电流源代替 R_L，获得如图 4.17 所示的等效电路。

（3）把电路中的电源分成两组：电流源 i_L 和除电流源 i_L 以外的电源。假设电流源 i_L 单独作用下支路电流 i 的响应分量为 i'。根据线性电路的比例性可得 $i' = k i_L$，其中 k 为实常数。假设在除电流源 i_L 以外的电源单独作用下，支路电流 i 的响应分量为 i''。由叠加原理可得

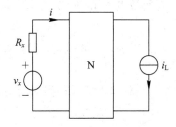

图 4.17　用电流为 i_L 的电流源置换 R_L 之后的等效电路

$$i = k i_L + i'' \tag{4.29}$$

将两组条件代入式(4.29)，可得

$$\begin{cases} -5 = 10k + i'' \\ -8 = 8k + i'' \end{cases} \tag{4.30}$$

解得 $k = 1.5$，$i'' = -20$。将 k 和 i'' 代入式(4.29)中，可得

$$i = 1.5 i_L - 20 \tag{4.31}$$

当 $i = -12.5\ \text{A}$ 时，可得 $i_L = 5\ \text{A}$。由图 4.16 可知

$$i_L = \frac{v_{OC}}{R_O + R_L} \tag{4.32}$$

解得

$$R_L = \frac{v_{OC} - i_L R_O}{i_L} = \frac{100 - 5 \times 5}{5} = 15\ \Omega$$

【例 4.7】　已知电路如图 4.18 所示，负载电阻 R_L 可调，当调整到某值时，负载获得最大功率，且最大功率 P_{Lmax} 为 4 W。求电流源 i_S 的值。

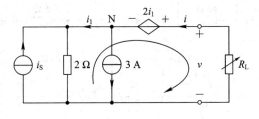

图 4.18　例 4.7 的电路图

题意分析：

在电路分析中，凡是涉及最大功率传输的问题，其关键需要将与负载相连的含源线性单口网络进行化简。图 4.18 所示电路中因包含了受控源，只能采用戴维南或诺顿等效的方法，或通过列写单口网络端口的 VCR 方程，再根据方程画出最简等效电路。本例采用第 2 种方式获得电路的最简形式。

选取如图 4.18 所示的回路，列写回路的 KVL 方程：

$$v = 2i_1 + 2(i_1 + i_S) = 2i_S + 4i_1 \tag{4.33}$$

列写节点 N 的 KCL 方程，可得

$$i - 3 - i_1 = 0 \tag{4.34}$$

联立式(4.33)和式(4.34)，可得

$$v = 4i + 2i_S - 12 \tag{4.35}$$

图 4.19 端口左侧电路是图 4.18 端口左侧电路的戴维南等效电路。根据图 4.19 列出端口的 VCR 方程：

$$v = v_{OC} + R_0 i \tag{4.36}$$

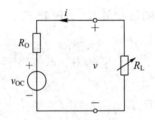

图 4.19 图 4.18 的戴维南等效电路

由于图 4.18 和图 4.19 端口左侧的单口网络完全等效，对照两个端口的 VCR 方程，可以获得如下两个单口网络等效的条件：

$$\begin{cases} R_0 = 4 \ \Omega \\ v_{OC} = 2i_S - 12 \end{cases} \tag{4.37}$$

根据最大功率传递定理，当 $R_L = R_0 = 4 \ \Omega$ 时，负载获得最大功率，且最大功率 $P_{Lmax} = \dfrac{v_{OC}^2}{4R_0} = 4$ W，解得 $v_{OC} = \pm 8$ V。当 $v_{OC} = 8$ V 时，$i_S = 10$ A；当 $v_{OC} = -8$ V 时，$i_S = 2$ A。

【例 4.8】 已知电路如图 4.20 所示，利用置换定理求解电流 i_1 和电压 v_2。

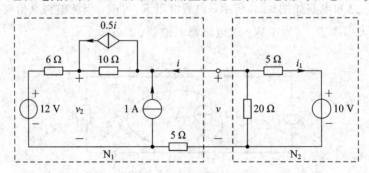

图 4.20 例 4.8 的电路图

题意分析：

由于该电路的支路数目较多，利用基尔霍夫定律和元件 VCR 分析较为复杂，因此本例采用置换定理进行分析。步骤如下：

① 用电压为 v 的电压源分别置换网络 N_2 和网络 N_1，如图 4.21(a) 和 (b) 所示。

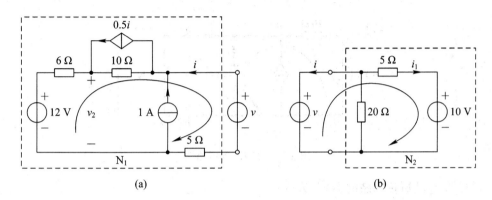

图 4.21　置换后的等效电路

选择如图 4.21(a) 所示的回路，列写回路的 KVL 方程：
$$-(i+1)\times 6-(i+1-0.5i)\times 10+v-5i-12=0 \tag{4.38}$$
化简可得
$$v=16i+28 \tag{4.39}$$

选择如图 4.21(b) 所示的回路，列写回路的 KVL 方程：
$$5i_1+10-v=0 \tag{4.40}$$
由 20 Ω 电阻的 VCR 方程可得
$$20\times(-i-i_1)=v \tag{4.41}$$
综合式 (4.40) 和式 (4.41)，获得如下的单口网络 N_2 端口的 VCR 方程：
$$v+4i-8=0 \tag{4.42}$$

单口网络 N_1 和 N_2 共用一个端口，因此这两个单口网络是完全等效的。联立式 (4.39) 和式 (4.42)，计算获得端口的电压、电流值分别为 $i=-1$ A 和 $v=12$ V。

② 利用端口电压 v 和端口电流 i 求解支路电压 v_2 和支路电流 i_1。图 4.21(a) 中利用 KVL 的推论，可得
$$v_2=(i+1)\times 6+12=12 \text{ V} \tag{4.43}$$
选择如图 4.21(b) 所示的回路，列写回路的 KVL 方程：
$$5i_1+10+20\times(i+i_1)=0 \tag{4.44}$$
可得
$$i_1=0.4 \text{ A} \tag{4.45}$$

【例 4.9】　已知图 4.22 中单口网络 N 的 ab 端口的 VCR 方程为 $v=2i-4$，试用置换定理求解电压 v_1 和 i_1。

题意分析：

已知 ab 端右侧 N 网络端口的 VCR 方程，若能求得 ab 端口左侧单口网络端口的 VCR 方程，联立方程组即能求出端口的电压 v 和电流 i。再用电压源或电流源代替右侧的单口网络，取端口电压和电流值，即可进一步求解支路电压 v_1 和支路电流 i_1。

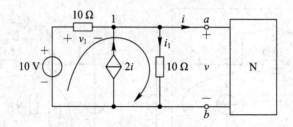

图 4.22　例 4.9 的电路图

列写图 4.22 所选回路的 KVL 方程：

$$v_1 + v - 10 = 0 \tag{4.46}$$

列写节点 1 的 KCL 方程：

$$\frac{v_1}{10} + 2i - i_1 - i = 0 \tag{4.47}$$

列写 10 Ω 电阻的 VCR 方程：

$$v = 10i_1 \tag{4.48}$$

联立式(4.46)~式(4.48)，端口左侧单口网络的 VCR 方程如下：

$$v = 5 + 5i \tag{4.49}$$

联立 ab 端口左右两侧单口网络的 VCR 方程，求得端口电压 $v = -10$ V，$i = -3$ A。用 -10 V 的电压源置换单口网络 N，获得如图 4.23 所示的电路。

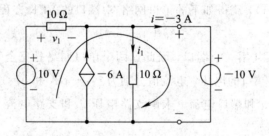

图 4.23　置换之后的等效电路

因 $i = -3$ A，故受控电流源的电流 $2i = -6$ A。选取大回路作为研究对象，将顺时针方向作为回路方向，列写回路的 KVL 方程：

$$v_1 + (-10) - 10 = 0 \tag{4.50}$$

解得 $v_1 = 20$ V。列写 10 Ω 电阻的 VCR 方程：

$$i_1 = \frac{10 - v_1}{10} = -1 \text{ A} \tag{4.51}$$

4.4 仿 真 实 例

4.4.1 叠加性的验证

用 Multisim 软件仿真创建如图 4.24 所示的电路（电压源的切换可用开关），以验证叠加原理。

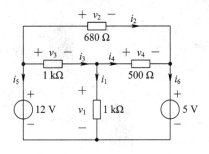

图 4.24 叠加原理的原理图

验证叠加原理的基本思路与实验方法类似，即分别测试两个电源共同作用和单独作用下的支路电压和支路电流，然后验证单独作用下的支路电压或者支路电流的代数和是否与共同作用下的结果一致。

图 4.25～图 4.27 分别是两个电源共同作用、12 V 电压源单独作用以及 5 V 电压源单独作用下的仿真测试电路。经电压表和电流表连接后，点击仿真按钮即可一次性完成全部数据的测量，仿真效率非常高。将测试结果填入表 4.2 中。

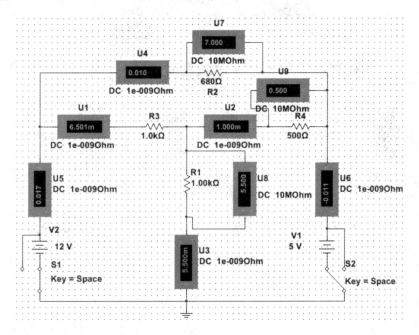

图 4.25 电压源共同作用仿真及结果

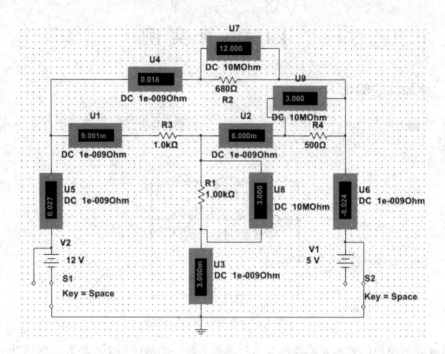

图 4.26　12 V 电压源单独作用仿真及结果

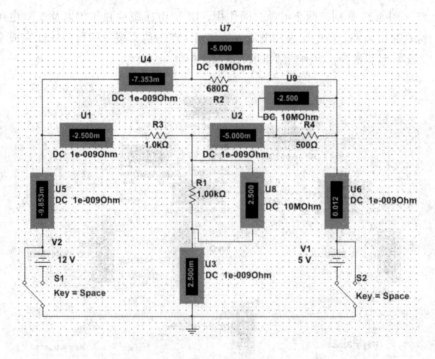

图 4.27　5 V 电压源单独作用仿真及结果

表 4.2　叠加原理仿真测试数据

电压源	i_1/mA	i_2/A	i_3/mA	i_4/mA	v_1/V	v_2/V	v_4/V	i_5/A	i_6/A
12 V 和 5 V 电压源共同作用	5.500	0.010	6.501	1.000	5.500	7.000	0.500	0.017	-0.011
12 V 电源单独作用	3.000	0.018	9.001	6.000	3.000	12.000	3.000	0.027	-0.024
5 V 电压源单独作用	2.500	$-0.007\,353$	-2.500	-5.000	2.500	-5.000	-2.500	$-0.009\,853$	0.012
12 V 和 5 V 电压源单独作用的叠加值	5.500	0.01065	6.501	1.000	5.500	7.000	0.500	0.01715	-0.012

由仿真结果可知，两个独立源共同作用产生的响应等于每个独立源单独作用所产生的响应之和，由此可验证线性电路中各支路电压和电流均满足叠加性。下面以 R_1 电阻为例，验证瞬时功率是否满足叠加性。当 12 V 和 5 V 独立源共同作用时，$P_{R1}=v_1 i_1=5.5\times5.5=30.15$ mW；当 12 V 独立源单独作用时，$P'_{R1}=v'_1 i'_1=3\times3=9$ mW；当 5 V 独立源单独作用时，$P''_{R1}=v''_1 i''_1=2.5\times2.5=6.25$ mW。

因此，$P_{R1}=30.15$ mW$\neq P'_{R1}+P''_{R1}=9$ mW$+6.25$ mW$=15.25$ mW。由此可验证线性电路中各支路的瞬时功率不满足叠加性。元件的瞬时功率需用叠加之后的支路电压和支路电流进行计算。

4.4.2　戴维南定理的验证

用 Multisim 软件仿真如图 4.28 所示的电路，通过仿真实验获得戴维南等效电路，并验证等效电路和原电路就端口对外电路的作用而言是完全等效的。

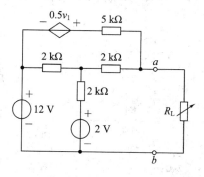

图 4.28　电路原理图

在电路的理论分析中，包含受控源的单口网络的戴维南等效电路的分析求解过程往往比较复杂。与理论分析相比，利用仿真软件分析求解戴维南等效电路时具有天然优势，具体表现在：开路电压和短路电流均可以直接用仪表测量，且电压和电流的测量在同一端口处，故使用数字万用表测量时无须更换仪表，只要更改仪表的设置面板就可以实现不同量的测量。

仿真电路连接如图 4.29 所示，首先将负载 R_L 从电路中断开，然后将万用表并接在端口两侧，设置直流电压挡，相当于电压表直接并接在端口上，测得结果即为该电路端口的开路电压，其值为 $v_{OC}=10\text{ V}$。更改万用表设置，将其改为直流电流挡，如图 4.30 所示，相当于电流表串接在两个端钮之间，测量的结果为端口的短路电流，其值为 $i_{SC}=5\text{ mA}$。利用开路电压、短路电流和等效电阻三者之间的关系，分析获得

$$R_O = \frac{v_{OC}}{i_{SC}} = \frac{10\text{ V}}{5\text{ m}} = 2\text{ k}\Omega \tag{4.52}$$

因此，$v_{OC}=10\text{ V}$ 和 $R_O=2\text{ k}\Omega$ 即为戴维南等效电路中的参数。接下来通过仿真实验验证戴维南等效电路和原电路就端口对外电路的作用而言是完全等效的。仿真电路如图 4.31 所示，左侧是原电路，右侧是戴维南等效电路，分别接入相同的负载 R_L，当 R_L 变化时，测量负载 R_L 的端电压 v_L 和端电流 i_L，如表 4.3 和表 4.4 所示。

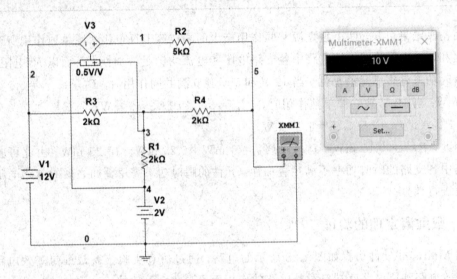

图 4.29　用数字万用表的电压挡测开路电压

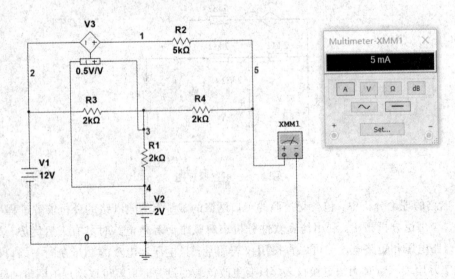

图 4.30　用数字多用表的电流挡测短路电流

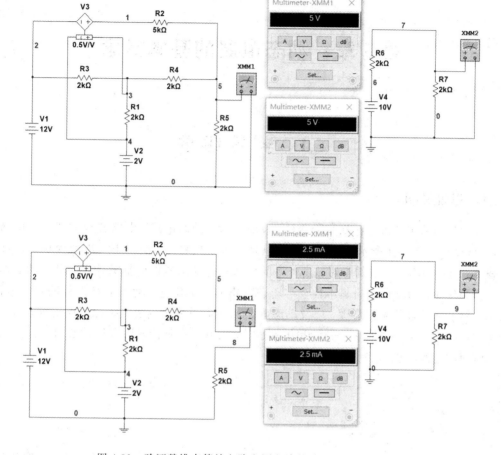

图 4.31   验证戴维南等效电路和原电路的端口对外完全等效

表 4.3   原电路的负载特性

$R_L/\mathrm{k\Omega}$	1	2	4	5	6	8	10
v_L/V	3.333	5	6.667	7.143	7.5	8	8.333
i_L/mA	3.333	2.5	1.667	1.429	1.25	1	0.8333
P_L/W	11.109	12.5	11.114	10.207	9.375	8	6.941

表 4.4   等效电路的负载特性

$R_L/\mathrm{k\Omega}$	1	2	4	5	6	8	10
v_L/V	3.333	5	6.667	7.143	7.5	8	8.333
i_L/mA	3.333	2.5	1.667	1.429	1.25	1	0.8333

从测量结果可知,原电路和戴维南等效电路的负载特性完全一致,这说明这两个单口网络对外作用的效果是一致的,即验证了两个单口网络对外是完全等效的。由表 4.3 计算的负载功率数据可知,当 $R_L = R_o = 2\ \mathrm{k\Omega}$ 时,负载获得最大功率,同时也验证了最大功率传递定理。

第 5 章　动态电路的基本概念

5.1　学习纲要

5.1.1　思维导图

　　本章学习的主要内容包括实际器件、动态元件、动态电路、电路方程的建立和电路响应几个模块。在图 5.1 所示的思维导图中呈现了每个模块的具体架构，以及模块之间的内在联系。通过对本章内容的学习，读者将了解和掌握动态器件的抽象建模过程、动态器件的性能和应用、动态元件的基本性质、动态电路的基本概念、动态电路方程的建立方法、动态电路初始条件的确定步骤，以及动态电路的响应类型等内容。结合集成运放，对包含动态元件的应用电路进行理论分析和仿真测试，有利于增强读者对元件动态特性以及电路动态响应的直观认识。

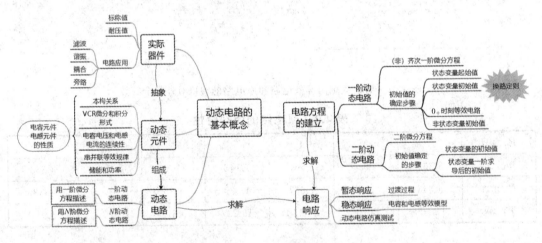

图 5.1　思维导图

5.1.2　学习目标

　　表 5.1 所示为本章的学习目标。

表 5.1　学习目标

序号	学习要求	学习目标
1	记忆	① 动态元件 VCR 方程的微分和积分公式； ② 动态元件瞬时储能的计算公式

序号	学习要求	学习目标
2	理解	① 动态元件和动态电路的基本概念； ② 动态元件的性质； ③ 暂态响应和稳态响应的概念； ④ 状态变量和非状态变量，起始值和初始值
3	分析	① 动态电路的稳态响应分析； ② 一阶动态电路初始条件的确定
4	应用	积分、微分、滤波、旁路、耦合等

5.2 重点和难点解析

5.2.1 四个基本电路变量

经典电路理论中的四个基本电路变量——电压 $v(t)$、电流 $i(t)$、磁通 $\Phi(t)$ 和电荷 $q(t)$，两两之间存在六种对应关系，如图 5.2 所示。

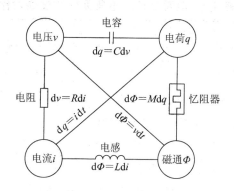

图 5.2 四个基本物理量之间对应的六种关系

电压 v 和电流 i 之间定义了电阻元件，其本构关系为 $v-i$ 平面中一条过原点的曲线。电压 v 和电荷 q 之间定义了电容元件，其本构关系为 $q-v$ 平面中一条过原点的曲线。电流 i 和磁通 Φ 之间定义了电感元件，其本构关系为 $\Phi-i$ 平面中一条过原点的曲线。这些被定义的电路元件都能找到对应的物理器件，但是，磁通 Φ 和电荷 q 之间一直未能找到关联的电路元件。1971 年华裔科学家蔡绍棠根据电路变量的对称性和完备性，推断出存在第 4 种基本电路元件——忆阻器，它关联了磁通 Φ 和电荷 q 之间的关系。在接下来的几十年时间里，由于一直没有实际的物理器件作支撑，因此忆阻器没有引起人们的广泛重视。直到 2008 年 HP 公司 Williams 团队通过实验证实双层 TiO_2 薄膜材料就是一种固态忆阻器，这标志着忆阻器的物理实现。忆阻器作为一种新型的电路元件，在混沌电路、数字逻辑电路和神经网络等研究领域具有潜在的应用价值，读者可以通过阅读相关文献了解忆阻器的最新国内外研究进展。本章主要介绍电容和电感元件及其性质。

5.2.2　电容元件和电感元件及其性质

1. 动态元件的抽象

第 1 章讨论了电阻器和实际电源的抽象建模。在抽象的过程中，只关注器件的抽象特征，只解决这一类抽象问题，从而降低了系统分析和设计的复杂度。对实际电容器和电感器而言，不再关注其内部的物理材料和器件结构，也不再关注除电能或磁能以外的电气特性。理想的线性非时变电容的唯一电参数是电容值 C，描述其端口特性的方程是 $i = C\,\mathrm{d}v/\mathrm{d}t$。理想的线性非时变电感的唯一电参数是电感值 L，描述其端口特性的方程是 $v = L\,\mathrm{d}i/\mathrm{d}t$。对器件的抽象和简单的描述极大地降低了电路理解的难度，推动了电路设计的发展。

2. 电容元件和电感元件的动态特性

电容元件和电感元件的抽象基于时变电磁场的转换效应，时变电磁场的相互转换形成了记忆。换句话说，动态元件的状态不仅和历史的状态有关，而且是从历史的状态转换而来的。在内外激励源的共同作用下，记忆元件的状态可以被修改，从而形成电路的动态特性。利用电容电感的动态效应，可以实现积分、微分、滤波、谐振、耦合、延时等电路功能。

3. 电容元件和电感元件的性质对比

表 5.2 所示为电容元件和电感元件的性质对比。

表 5.2　电容元件和电感元件的性质对比

电路元件	电容	电感
本构关系	$q = Cv$	$\Phi = Li$
伏安关系的微分形式	关联（非关联）：$i_C = \pm C \dfrac{\mathrm{d}v_C}{\mathrm{d}t}$	关联（非关联）：$v_L = \pm L \dfrac{\mathrm{d}i_L}{\mathrm{d}t}$
伏安关系的积分形式	$v_C(t) = v_C(t_+) + \displaystyle\int_{t+}^{\infty} i_C(t)\mathrm{d}t$	$i_L(t) = i_L(t_+) + \displaystyle\int_{t+}^{\infty} v_L(t)\mathrm{d}t$
状态变量的连续性	$v_C(t_+) = v_C(t_-)$	$i_L(t_+) = i_L(t_-)$
串联等效	$\dfrac{1}{C_{\mathrm{eq}}} = \dfrac{1}{C_1} + \dfrac{1}{C_2} + \cdots + \dfrac{1}{C_n}$	$L_{\mathrm{eq}} = L_1 + L_2 + \cdots + L_n$
并联等效	$C_{\mathrm{eq}} = C_1 + C_2 + \cdots + C_n$	$\dfrac{1}{L_{\mathrm{eq}}} = \dfrac{1}{L_1} + \dfrac{1}{L_2} + \cdots + \dfrac{1}{L_n}$
瞬时储能	$W_C(t) = \dfrac{1}{2}Cv_C^2(t)$	$W_L(t) = \dfrac{1}{2}Li_L^2(t)$

建议初学者从不同角度证明电容电压 $v_C(t)$ 和电感电流 $i_L(t)$ 的连续性。从后续分析可知，状态变量的连续性为换路前后的两个动态电路建立了联系，是动态电路暂态响应分析的关键。在应用方面，实际电容和实际电感的标称值也是不连续的，因此在电路设计时，需要通过串并联等效的方式获得理论设计值。由于电容和电感元件均具有记忆性，因此利

用该特性还可以实现电能或信息存储。

5.2.3　一阶动态电路

在电阻电路中添加具有记忆性的动态元件可以构成动态电路。动态电路的响应包括稳态响应和暂态响应。稳态电路是指电路达到稳定状态(即支路电压和电流不随时间发生变化)时的响应。暂态响应是指电路状态发生改变时，支路电压和电流随时间变化的响应。

本章主要的研究对象是一阶动态电路的暂态与稳态响应。与其相关基本概念和分析方法的表述及解释如下。

1. 动态电路和过渡过程

至少包含一个动态元件(储能元件)的电路称为动态电路。由于动态元件的电压、电流是微积分关系，因此描述动态电路的方程是微分方程。用一阶微分方程描述的电路称为一阶动态电路。依次类推，用 n 阶微分方程描述的电路称为 n 阶动态电路。换句话说，动态电路的阶数不全由动态元件的个数所决定，而由描述电路的微分方程的阶数所决定。

当动态电路的状态发生改变时，需要经历一个变化过程才能从原先的稳定状态过渡到新的稳定状态，这个变化过程称为过渡过程。过渡过程中产生的电路响应称为暂态响应。电路中出现过渡过程的条件有两个：一是电路中包含储能元件；二是储能元件的状态发生了变化。

2. 状态变量和非状态变量

在动态电路中，电容电压 $v_C(t)$ 和电感电流 $i_L(t)$ 被称为状态变量。这两个电路变量的值在任意时刻均不会跳变，即状态变量的值是连续的。除此之外，电路中其余各支路电压和支路电流变量一般不满足该特性，这些变量称为非状态变量。

3. 电路变量的起始值和初始值

假设电路在 t 时刻换路，且换路前电路已达到稳定状态。换路前一瞬间电路变量的值称为起始值，用 $y(t_-)$ 表示。换路后一瞬间电路变量的值称为初始值，用 $y(t_+)$ 表示。需要注意的是，在换路瞬间，除了状态变量满足条件 $y(t_+)=y(t_-)$ 外，其余电路变量一般不满足该条件。

4. 一阶动态电路方程的建立

将状态变量作为待求变量，利用两类约束列写电路方程，联立方程组后可以获得用于描述一阶动态电路的一阶微分方程。一阶微分方程有两种类型：齐次的一阶微分方程和非齐次的一阶微分方程。求解一阶微分方程的电路响应需要已知方程解的形式和待求变量的初始值。本章将重点介绍一阶动态电路初始条件确定的方法和步骤，而一阶微分方程的求解方法会在第 6 章中进行详细介绍。

5. 一阶动态电路稳态响应分析

在直流电激励下，当电路达到稳态时，电容用开路模型替代，电感用短路模型替代。可根据等效电路分析动态电路的稳态响应。若激励是交流电，则当电路达到稳态时，利用电容或电感元件的 VCR 方程，结合基尔霍夫定律进行电路的稳态响应分析。

5.2.4　二阶动态电路

当电路中含有两个或可等效为两个独立储能元件，且电路可用二阶微分方程来描述时，该电路称为二阶动态电路。二阶微分方程对应的特征方程有两个根，当电路参数发生变化时，两个特征根的性质也会随之发生变化，从而出现欠阻尼、临界阻尼和过阻尼几种电路状态。第 6 章将介绍通过仿真实例观察二阶动态电路在不同参数下的工作状态和振荡类型。

5.2.5　初始条件的确定

1. 一阶动态电路初始条件确定的步骤（假设电路在 t 时刻换路）

（1）假设换路前电路已达到稳定状态，在直流稳态下，电感用短路模型代替，电容用开路模型代替，获得 t_- 时刻的等效电路。经等效替换后的电路是一个电阻电路，利用两类约束可以确定换路前电路中状态变量的起始值 $v_C(t_-)$ 和 $i_L(t_-)$。

（2）利用换路定则可得

$$v_C(t_+) = v_C(t_-), \quad i_L(t_+) = i_L(t_-)$$

（3）画出 t_+ 时刻的等效电路。换路后，电容元件和电感元件分别用电压源和电流源替代，取 t_+ 时刻的值。电压源极性和电容电压极性相同，电流源电流方向和电感电流方向相同。t_+ 时刻的等效电路也是一个电阻电路，可利用两类约束分析电路中除状态变量之外其余各支路电压或支路电流变量（非状态变量）的初始值。

2. 二阶动态电路初始条件确定的步骤（假设电路在 t 时刻换路）

二阶动态电路的初始条件包括：状态变量的初始值 $v_C(t_+)$ 和 $i_L(t_+)$，状态变量一阶求导之后的初始值 $\left.\dfrac{\mathrm{d}v_C}{\mathrm{d}t}\right|_{0+}$ 和 $\left.\dfrac{\mathrm{d}i_L}{\mathrm{d}t}\right|_{0+}$。其中，$v_C(t_+)$ 和 $i_L(t_+)$ 的确定步骤和一阶动态电路的完全相同，此处不再赘述。那么如何获得状态变量一阶求导之后的初始值呢？

通过观察可发现，电容和电感元件 VCR 方程的微分形式分别为 $i_C = C\dfrac{\mathrm{d}v_C}{\mathrm{d}t}$ 和 $v_L = L\dfrac{\mathrm{d}i_L}{\mathrm{d}t}$，故 $\left.\dfrac{\mathrm{d}v_C}{\mathrm{d}t}\right|_{0+} = \dfrac{1}{C}i_C(0_+)$ 和 $\left.\dfrac{\mathrm{d}i_L}{\mathrm{d}t}\right|_{0+} = \dfrac{1}{L}v_L(0_+)$，因此只要求得非状态变量 $i_C(0_+)$ 和 $v_L(0_+)$ 的初始值，即可求得状态变量一阶求导之后的初始值。

5.3　典型例题分析

【例 5.1】　如图 5.3(a)所示的电感，已知 $L = 0.5\ \mathrm{H}$，流经电感的电流 $i_L(t)$ 的波形如图 5.3(b)所示。

（1）画出电感电压 $v_L(t)$ 的波形；

（2）分别求当 $t = 0.3\ \mathrm{s}$ 时电感的 $P_L(t)$ 及存储的能量 $W_L(t)$。

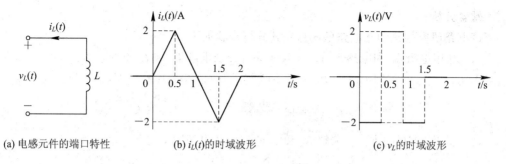

(a) 电感元件的端口特性　　　　(b) $i_L(t)$ 的时域波形　　　　　(c) v_L 的时域波形

图 5.3　例 5.1 的电路和波形图

题意分析：

(1) 已知电感电流 $i_L(t)$，求电感电压 $v_L(t)$，可利用电感元件 VCR 的微分形式进行分析和求解。根据图 5.3(b) 所示的电流波形，写出电感电流 $i_L(t)$ 的分段线性函数表达式：

$$i_L(t)=\begin{cases} 0 & t\leqslant 0 \\ 4t & 0<t\leqslant 0.5 \\ -4t+4 & 0.5<t\leqslant 1.5 \\ 4t-8 & 1.5<t\leqslant 2 \\ 0 & t>2 \end{cases} \tag{5.1}$$

由于电感电压和电流呈非关联参考方向，因此利用电感元件 VCR 的微分形式，获得 $v_L(t)$ 的表达式为

$$v_L(t)=-L\,\frac{\mathrm{d}i_L(t)}{\mathrm{d}t}=\begin{cases} 0 & t\leqslant 0 \\ -2 & 0<t\leqslant 0.5 \\ 2 & 0.5<t\leqslant 1.5 \\ -2 & 1.5<t\leqslant 2 \\ 0 & t>2 \end{cases} \tag{5.2}$$

根据式 (5.2) 绘制 $v_L(t)$ 的波形图，如图 5.3(c) 所示。

(2) 由于电感电压 $v_L(t)$ 和电流 $i_L(t)$ 呈非关联参考方向，因此

$$\begin{cases} P(0.3\ \mathrm{s})=-v_L(0.3\ \mathrm{s})\times i_L(0.3\ \mathrm{s})=-(-2)\times 4\times 0.3=2.4\ \mathrm{W} \\ W(0.3\ \mathrm{s})=\dfrac{1}{2}Li_L^2(0.3\ \mathrm{s})=\dfrac{1}{2}\times 0.5\times(4\times 0.3)^2=0.36\ \mathrm{J} \end{cases} \tag{5.3}$$

【例 5.2】　如图 5.4 所示的电路，已知 $i_1=(2+\mathrm{e}^{-2t})\ \mathrm{A}$，$t>0$，$R_1=10\ \Omega$，$R_2=2\ \Omega$，$L=10\ \mathrm{H}$，$C=0.4\ \mathrm{F}$。求 $t>0$ 时的端口电压 v。

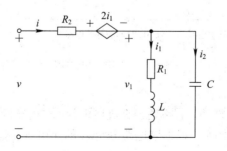

图 5.4　例 5.2 的电路图

题意分析：

该电路研究的是动态电路的响应，其分析步骤如下：

（1）利用电阻 R_1 和电感 L 的 VCR 关系，分别求解 R_1 和 L 的端电压：

$$\begin{cases} v_{R1} = i_1 R_1 = (2 + e^{-2t}) \times 10 = (20 + 10e^{-2t}) \, V \\ v_L = L \dfrac{di_1}{dt} = 10 \times \dfrac{d(2 + e^{-2t})}{dt} = -20e^{-2t} \, V \end{cases} \tag{5.4}$$

（2）利用 KVL 的推论，求解 R_1 和 L 两端的总电压 v_1，可得

$$v_1 = v_{R1} + v_L = (20 + 10e^{-2t}) - 20e^{-2t} = (20 - 10e^{-2t}) \, V \tag{5.5}$$

（3）利用电容元件的 VCR，求解支路电流 i_2，可得

$$i_2 = C \frac{dv_1}{dt} = 0.4 \times \frac{d(20 - 10e^{-2t})}{dt} = 8e^{-2t} \, A \tag{5.6}$$

（4）列写节点的 KCL 方程，求解并联电路的总电流 i，可得

$$i = i_1 + i_2 = (2 + e^{-2t}) + 8e^{-2t} = (2 + 9e^{-2t}) \, A \tag{5.7}$$

（5）列写左边回路的 KVL 方程，求解端电压 v，可得

$$\begin{aligned} v &= iR_2 + 2i_1 + v_1 \\ &= (2 + 9e^{-2t}) \times 2 + 2 \times (2 + e^{-2t}) + (20 - 10e^{-2t}) \\ &= (28 + 10e^{-2t}) \, V \end{aligned} \tag{5.8}$$

【例 5.3】 如图 5.5(a)所示的电路中，设开关闭合前电路已处于稳定状态，$t=0$ 时开关闭合，画出 0_- 和 0_+ 时刻的等效电路，并求电路的初始值 $i(0_+)$ 和 $i_L(0_+)$。

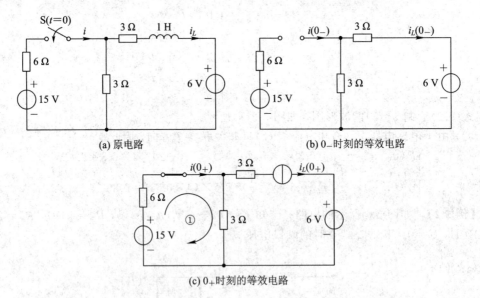

图 5.5 例 5.3 的电路图

题意分析：

（1）$t = 0_-$ 时刻，开关打开，电路处于直流稳定状态，用导线模型代替电感，获得 0_- 时刻的等效电路如图 5.5(b)所示。根据该电路分析 i_L 的起始值，即

$$i_L(0_-) = -\frac{6}{3+3} = -1 \, A \tag{5.9}$$

（2）由换路定则可知，状态变量 $i_L(0_+)=i_L(0_-)=-1$ A。而换路瞬间非状态变量 $i(0_+)$ 的值发生了跳变，需要通过 0_+ 时刻的等效电路来确定。

（3）画 0_+ 时刻的等效电路如图 5.5(c)所示。注意原图中的电感用电流源代替，取 0_+ 时刻的值，电流源的电流方向和电感电流的参考方向相同。选取顺时针方向作为回路①的方向，列写回路①的 KVL 方程，可得

$$6i(0_+)+3\times[i(0_+)-i_L(0_+)]-15=0 \tag{5.10}$$

解得 $i(0_+)=4/3$ A。从分析结果可见，非状态变量 $i(t)$ 的值在电路换路瞬间发生了跃变，从 0 跳变为 4/3 A。

【**例 5.4**】　已知电路如图 5.6(a)所示，$t<0$ 时开关闭合，电路处于稳定状态。当 $t=0$ 时开关 S 断开，画出 0_- 和 0_+ 时刻的等效电路，并求开关打开后 v 和 v_C 的初始值。

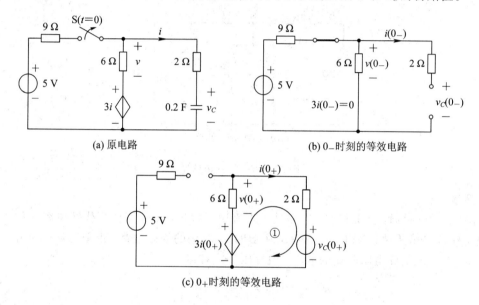

图 5.6　例 5.4 的电路图

题意分析：

（1）$t=0_-$ 时刻，开关闭合，电路处于直流稳定状态，用开路模型代替电容元件。因 $i(0_-)=0$，故 $3i(0_-)=0$，受控电压源电压为 0，用导线模型替代，获得换路前 0_- 时刻的等效电路如图 5.6(b)所示。由图 5.6(b)可知：

$$v(0_-)=v_C(0_-)=5\times\frac{6}{9+6}=2 \text{ V} \tag{5.11}$$

（2）由换路定则可知，$v_C(0_+)=v_C(0_-)=2$ V。换路瞬间非状态变量 $v(0_+)$ 的值发生了跳变，需要通过 0_+ 时刻的等效电路来确定。

（3）画 0_+ 时刻的等效电路如图 5.6(c)所示。注意原图中的电容用电压源代替，取 0_+ 时刻的值，电压源的电压方向和电容电压的参考方向相同。选取顺时针方向作为回路①的参考方向，列写回路①的 KVL 方程：

$$(2+6)i(0_+)+v_C(0_+)-3i(0_+)=0 \tag{5.12}$$

解得 $i(0_+)=-0.4$ A，因此 $v(0_+)=-6i(0_+)=2.4$ V。可见，非状态变量 $v(t)$ 的值在电路换路瞬间发生了跃变，从 2 V 跳变为 2.4 V。

【例 5.5】 已知电路如图 5.7(a)所示，开关动作前电路已处于稳定状态，当 $t=0$ 时开关闭合，画出 0_- 和 0_+ 时刻的等效电路，并求 $v_C(0_+)$、$v_L(0_+)$、$i_L(0_+)$、$i_C(0_+)$ 和 $i(0_+)$。

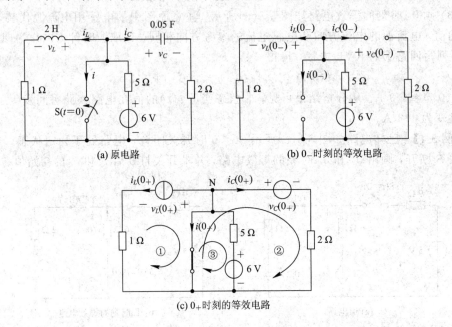

(a) 原电路　　　　　　　　　(b) 0_- 时刻的等效电路

(c) 0_+ 时刻的等效电路

图 5.7　例 5.5 的电路图

题意分析：

（1）$t=0_-$ 时刻，开关打开，电路处于直流稳定状态，用开路模型代替电容元件，用导线模型代替电感元件。获得如图 5.7(b)所示的 0_- 时刻的等效电路。由图 5.7(b)可知，电容电压 $v_C(0_-)$ 即 1 Ω 电阻两端的电压，由分压公式可得

$$v_C(0_-)=\frac{6}{1+5}\times 1=1 \text{ V} \tag{5.13}$$

由 1 Ω 电阻的 VCR 方程可得

$$i_L(0_-)=\frac{v_C(0_-)}{1}=1 \text{ A} \tag{5.14}$$

（2）由换路定则可知：

$$v_C(0_+)=v_C(0_-)=1 \text{ V}, \ i_L(0_+)=i_L(0_-)=1 \text{ A}$$

（3）画 0_+ 时刻的等效电路如图 5.7(c)所示。注意原图中的电容用电压源代替，电感用电流源代替，分别取 0_+ 时刻的值。电压源的电压方向和电容电压的参考方向相同。电流源的电流方向和电感电流的参考方向相同。

在分析各支路电压、电流初始值的过程中，回路的选取非常重要。回路中电路元件的个数越少，方程越简单，越易于求解。本例中选取的 3 个回路①、②和③均通过了开关支路，这使得回路方程的列写变得较为简单。

列写回路①的 KVL 方程：

$$-v_L(0_+)-1\times i_L(0_+)=0 \tag{5.15}$$

解得 $v_L(0_+)=-1$ V。列写回路②的 KVL 方程：

$$v_C(0_+)+2\times i_C(0_+)=0 \tag{5.16}$$

解得 $i_C(0_+)=-0.5$ A。假设 5 Ω 电阻的电流参考方向向下，大小为 $i_{5\Omega}(0_+)$。列写回路③的 KVL 方程：

$$5\times i_{5\Omega}(0_+)+6=0 \tag{5.17}$$

解得 $i_{5\Omega}(0_+)=-1.2$ A。列写节点 N 的 KCL 方程：

$$-i_L(0_+)-i_C(0_+)-i_{5\Omega}(0_+)-i(0_+)=0 \tag{5.18}$$

解得 $i(0_+)=0.7$ A。

本例中开关支路的电流 $i(0_+)$ 的大小很容易被理解为是 6 V 与 5 Ω 的比值。此处要注意电路的结构，开关支路和 6 V 电压源及 5 Ω 电阻的串联支路之间并非串联结构，而是并联结构，故电流不相等，但并联电压相等。

【例 5.6】已知电路如图 5.8(a)所示，开关动作前($t<0$)电路已处于稳定状态，当 $t=0$ 时开关打开，画出 0_- 和 0_+ 时刻等效电路，并求 $v(0_+)$ 和 $i_1(0_+)$。

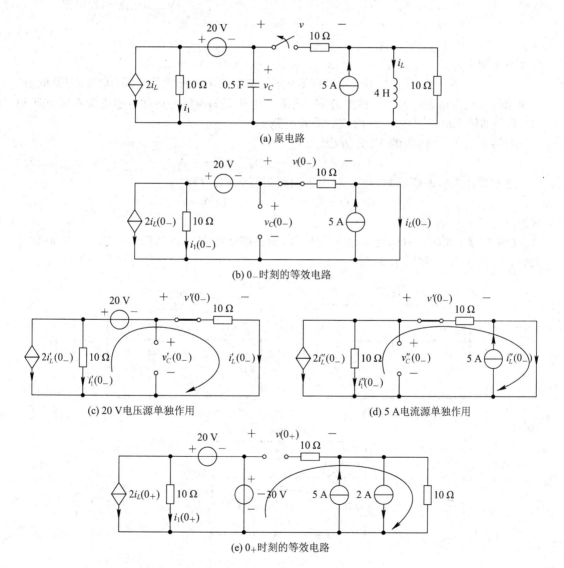

图 5.8　例 5.6 的电路图

题意分析：

(1) $t=0_-$ 时刻，开关闭合，电路处于直流稳定状态。用开路模型代替电容元件，用导线模型代替电感元件。注意到 $10\ \Omega$ 电阻被电感支路所短路，可将其断开处理，获得如图 5.8(b) 所示的 0_- 时刻的等效电路。对该电路应用叠加原理进行分析。

① $20\ V$ 电压源单独作用时，$5\ A$ 电流源开路处理，受控源保留在电路中，如图 5.8(c) 所示。选取顺时针方向作为回路方向，列写回路的 KVL 方程：

$$10\times i'_L(0_-)-10\times(-2i'_L(0_-)-i'_L(0_-))+20=0 \tag{5.19}$$

解得 $i'_L(0_-)=-0.5\ A$，故 $v'_C(0_-)=10\times i'_L(0_-)=-5\ V$。

② $5\ A$ 电流源单独作用时，$20\ V$ 电压源短路处理，受控源保留在电路中，如图 5.8(d) 所示。选取顺时针方向作为回路方向，列写回路的 KVL 方程：

$$10\times(i''_L(0_-)-5)-10\times(5-2i''_L(0_-)-i''_L(0_-))=0 \tag{5.20}$$

解得 $i''_L(0_-)=2.5\ A$，故 $v''_C(0_-)=10\times(i''_L(0_-)-5)=-25\ V$。由叠加原理可得

$$\begin{cases} i_L(0_-)=i'_L(0_-)+i''_L(0_-)=-0.5+2.5=2\ A \\ v_C(0_-)=v'_C(0_-)+v''_C(0_-)=(-5)+(-25)=-30\ V \end{cases} \tag{5.21}$$

由换路定则可得 $i_L(0_+)=i_L(0_-)=2\ A$，$v_C(0_+)=v_C(0_-)=-30\ V$。

(2) 当 $t=0_+$ 时，开关打开，用电压源代替电容，用电流源代替电感，取 0_+ 时刻的值。电压源的电压方向和电容电压的参考方向相同，电流源的电流方向和电感电流参考方向相同，获得如图 5.8(e) 所示的 0_+ 时刻的等效电路。

列写左侧 $10\ \Omega$ 电阻的 VCR 方程：

$$i_1(0_+)=(20+(-30))/10=-1\ A \tag{5.22}$$

选取如图 5.8(e) 所示的回路，针对该回路列写 KVL 方程：

$$10\times(5-2)-(-30)+v(0_+)=0 \tag{5.23}$$

解得 $v(0_+)=-60\ V$。

【例 5.7】 如图 5.9(a) 所示的电路中，已知换路前电路已达到稳定状态，$t=0$ 时刻开关打开，求 $v_C(0_+)$ 和 $i(0_+)$。

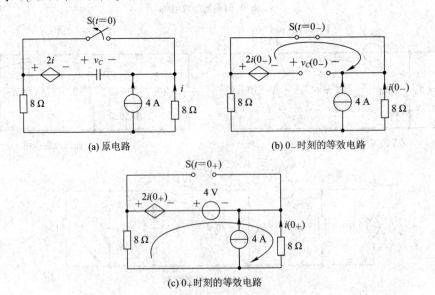

图 5.9　例 5.7 的电路图

题意分析：

（1）换路前开关是闭合的，经过很长时间后电路达到稳定状态。此时电容用开路模型替代，获得如图 5.9(b)所示的 0_- 时刻等效电路。

0_- 时刻的电路结构是 4 A 电流源和两个 8 Ω 电阻的并联结构。根据分流公式可得流过 8 Ω 电阻的电流：

$$i(0_-) = -4 \times \frac{8}{8+8} = -2 \text{ A} \tag{5.24}$$

故受控源的电压 $2i(0_-) = -4$ V。选取开关、受控源和电容端口这个回路作为研究对象，列写该回路的 KVL 方程：

$$2i(0_-) + v_C(0_-) = 0 \tag{5.25}$$

解得 $v_C(0_-) = 4$ V。注意回路选取的原则是回路中的元件个数尽量少，且元件电压可以用已知电压或电流变量表示。

（2）根据换路定则可知，$v_C(0_+) = v_C(0_-) = 4$ V。

（3）画 0_+ 时刻等效电路，开关打开，电容用电压源替代，取 0_+ 时刻的值，参考方向同电容电压和电感电流方向相同，如图 5.9(c)所示。选取如图所示回路方向，列写回路的 KVL 方程：

$$2i(0_+) + 4 - 8i(0_+) - 8 \times (4 + i(0_+)) = 0 \tag{5.26}$$

解得 $i(0_+) = -2$ A。

【例 5.8】 已知电路如图 5.10(a)所示，已知换路前电路已达到稳定状态，$t=0$ 时刻开关 S 打开，求 $v(0_+)$ 和 $i(0_+)$。

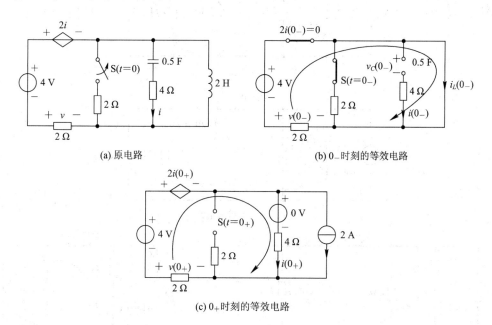

(a) 原电路　　　　　　　　　　　(b) 0_- 时刻的等效电路

(c) 0_+ 时刻的等效电路

图 5.10　例 5.8 的电路图

题意分析：

（1）换路前开关是闭合的，电路达到直流稳态，此时电容用开路模型替代，电感用短路模型替代。由于电容开路，故 $4\ \Omega$ 电阻的电流 $i(0_-)=0$，故受控源的电压 $2i(0_-)=0$，受控源短路处理，故 0_- 时刻等效电路如图 5.10(b) 所示。因电感支路将中间的 $2\ \Omega$ 电阻支路短路，故该电路只有最外围的大回路上有电流存在。选取如图 5.10(b) 所示的大回路列写 KVL 方程：

$$2\times i_L(0_-)-4=0 \tag{5.27}$$

解得 $i_L(0_-)=2\ \text{A}$。

（2）根据换路定则可知，$v_C(0_+)=v_C(0_-)=0\ \text{V}$，$i_L(0_+)=i_L(0_-)=2\ \text{A}$。

（3）画 $0+$ 时刻等效电路，开关打开，电容和电感分别用电压源和电流源替代，取 0_+ 时刻的值，参考方向同电容电压和电感电流方向相同，如图 5.10(c) 所示。选取如图所示回路，列写回路的 KVL 方程：

$$2i(0_+)+0+4i(0_+)-v(0_+)-4=0 \tag{5.28}$$

列写 $0\ \text{V}$ 电压源上方节点的 KCL 方程：

$$-i(0_+)-2-\frac{v(0_+)}{2}=0 \tag{5.29}$$

联立式(5.28)和式(5.29)，计算可得 $v(0_+)=-4\ \text{V}$，$i(0_+)=0\ \text{A}$。

【例 5.9】 已知电路如图 5.11(a) 所示，已知换路前电路已达到稳定状态，$t=0$ 时刻开关 S 闭合，求 $v(0_+)$ 和 $i(0_+)$。

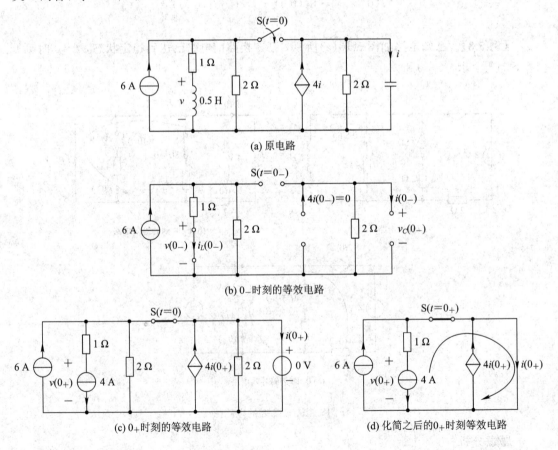

(a) 原电路

(b) 0_- 时刻的等效电路

(c) $0+$ 时刻的等效电路　　　　　　(d) 化简之后的 $0+$ 时刻等效电路

图 5.11　例 5.9 的电路图

题意分析：

（1）换路前开关是打开的，电路达到直流稳态，此时电容用开路模型替代，电感用短路模型替代。因电容开路，因此 $i(0_-)=0$ A，故受控源电流 $4i(0_-)=0$ A，受控源开路处理，获得如图 5.11(b) 所示的 0_- 时刻等效电路。利用分流公式计算电感支路电流，可得

$$i_L(0_-)=6\times\frac{2}{1+2}=4 \text{ A} \tag{5.30}$$

由 0_- 时刻等效电路可知，电容电压 $v_C(0_-)=0$ V。

（2）根据换路定则可知，$v_C(0_+)=v_C(0_-)=0$ V，$i_L(0_+)=i_L(0_-)=4$ A。

（3）画 $0+$ 时刻等效电路，开关闭合，电容和电感分别用电压源和电流源替代，取 0_+ 时刻的值，参考方向同电容电压和电感电流方向相同，如图 5.11(c) 所示。对开关左右两侧电路进行化简：右侧等效电压源的电压为 0，可用导线替代，故开关左右两侧的两个 2 Ω 电阻均被导线支路所短路。于是得到经化简之后的 0_+ 时刻等效电路，如图 5.11(d) 所示。选取如图所示回路，列写回路的 KVL 方程：

$$-1\times4-v(0_+)=0 \tag{5.31}$$

解得 $v(0_+)=-4$ V。列写 1 Ω 电阻上方节点的 KCL 方程：

$$6-4+4i(0_+)-i(0_+)=0 \tag{5.32}$$

解得 $i(0_+)=-\dfrac{2}{3}$ A。

【例 5.10】　已知电路如图 5.12 所示。已知换路前电路已达到稳定状态，$t=0$ 时刻开关闭合，求 $v_{C1}(t)$、$v_{C2}(t)$、$\mathrm{d}v_{C1}/\mathrm{d}t$ 和 $\mathrm{d}v_{C2}/\mathrm{d}t$ 的初始值。

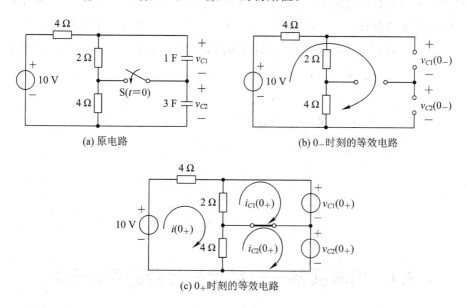

图 5.12　例 5.10 的电路图

题意分析：

本题待求的是状态变量以及状态变量的一阶求导在换路后的初始值。先分析状态变量

的初始值。

（1）当 $t<0$ 时，开关打开，电路处于直流稳定状态，用开路模型代替两个电容元件，获得如图 5.12(b) 所示的 0_ 时刻的等效电路。由图可知，$v_{C1}(0_-)+v_{C2}(0_-)$ 即为 2 Ω 和 4 Ω 串联电阻两端的总电压，利用分压公式可得

$$v_{C1}(0_-)+v_{C2}(0_-)=10\times\frac{2+4}{4+2+4}=6\text{ V} \tag{5.33}$$

因 $v_C=\frac{1}{C}\int i_C\mathrm{d}t$，而换路前 $i_{C1}=i_{C2}$，故 $C_1v_{C1}=C_2v_{C2}$，即

$$\frac{v_{C1}(0_-)}{v_{C2}(0_-)}=\frac{C_2}{C_1}=3 \tag{5.34}$$

联立式(5.33)和式(5.34)，可得 $v_{C1}(0_-)=4.5\text{ V}$，$v_{C2}(0_-)=1.5\text{ V}$。

（2）由换路定则可知：

$$\begin{cases}v_{C1}(0_+)=v_{C1}(0_-)=4.5\text{ V}\\v_{C2}(0_+)=v_{C2}(0_-)=1.5\text{ V}\end{cases} \tag{5.35}$$

（3）画 0_+ 时刻的等效电路如图 5.12(c) 所示。原图中的两个电容均用电压源代替，取 0_+ 时刻的值。电压源的电压方向和电容电压的参考方向相同。由于状态变量一阶求导之后的初值与其电流的初值有关，即

$$\left.\frac{\mathrm{d}v_C}{\mathrm{d}t}\right|_{0_+}=\left.\frac{i}{C}\right|_{0_+}=\frac{i(0_+)}{C} \tag{5.36}$$

故只要求得两个电容电流的初始值，即可求得两个电容电压一阶求导后的初始值。本例中利用网孔电流法分析 $t=0_+$ 时刻的 $i_{C1}(0_+)$ 和 $i_{C2}(0_+)$。假设三个网孔电流大小分别为 $i(0_+)$、$i_{C1}(0_+)$ 和 $i_{C2}(0_+)$，参考方向均为顺时针方向，列写三个网孔的网孔电流方程：

$$\begin{cases}(4+2+4)i(0_+)-2\cdot i_{C1}(0_+)-4\cdot i_{C2}(0_+)=10\\-2\cdot i(0_+)+2\cdot i_{C1}(0_+)=-v_{C1}(0_+)\\-4\cdot i(0_+)+4\cdot i_{C2}(0_+)=-v_{C2}(0_+)\end{cases} \tag{5.37}$$

解得 $i(0_+)=1\text{ A}$，$i_{C1}(0_+)=-1.25\text{ A}$ 和 $i_{C2}(0_+)=0.625\text{ A}$，故

$$\begin{cases}\left.\dfrac{\mathrm{d}v_{C1}}{\mathrm{d}t}\right|_{0_+}=\dfrac{i_{C1}(0_+)}{C_1}=-\dfrac{5}{4}\text{V/s}\\[3mm]\left.\dfrac{\mathrm{d}v_{C2}}{\mathrm{d}t}\right|_{0_+}=\dfrac{i_{C2}(0_+)}{C_2}=\dfrac{5}{24}\text{V/s}\end{cases} \tag{5.38}$$

5.4　仿真实例——反相积分器的电路仿真

用一片集成运放和若干 R、C 元件，设计如图 5.13(a) 所示电路。已知 A_1 为理想集成运放，输入电压 v_i 的时域波形如图 5.13(b) 所示，$v_o(0_+)=5\text{ V}$，绘制输出电压 v_o 的时域波形，并用 Multisim 软件进行电路仿真，验证分析结果。

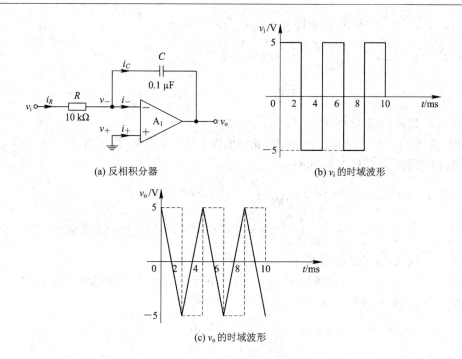

(a) 反相积分器　　　　　　　　　　　　(b) v_i 的时域波形

(c) v_o 的时域波形

图 5.13　仿真实例中的电路和波形图

1. 理论分析

利用理想集成运放的"虚短"和"虚断"特性，推导如图 5.13(a)所示电路的输入输出关系。由"虚短"和"虚断"可知，$i_+ = i_- = 0$，$v_+ = v_- = 0$。在集成运放反相输入端的节点处应用 KCL，可得

$$i_R = i_C$$

即

$$\frac{v_i - 0}{R} = C\frac{\mathrm{d}(0 - v_o)}{\mathrm{d}t} \tag{5.39}$$

故

$$v_o(t) = v_o(t_{0+}) - \frac{1}{RC}\int_{t_0}^{t} v_i(t)\,\mathrm{d}t \tag{5.40}$$

由式(5.40)可知，该电路具备积分运算功能，且输入和输出信号反相，故被称为反相积分器。其中 $v_o(t_{0+})$ 代表 $t = t_0$ 时电容电压的初始值。由图 5.13(b)可知，v_i 是一个方波信号，需要分区间讨论 $v_i(t)$ 作用下 $v_o(t)$ 的表达式(注意 $v_o(t)$ 即电容 C 上的电压)。由已知条件可知，$RC = 10\,000 \cdot 0.1\mu\mathrm{F} = 0.001\,\mathrm{s}$。

(1) 当 $t \in [0\,\mathrm{ms},\ 2\,\mathrm{ms})$ 时，将 $v_i = 5\,\mathrm{V}$ 和 $v_o(0_+) = 5\,\mathrm{V}$ 代入式(5.40)，可得

$$v_o(t) = v_o(0_+) - \frac{1}{RC}\int_{0_+}^{t} v_i(t)\,\mathrm{d}t$$

$$= 5 - \frac{1}{0.001}\int_{0_+}^{t} 5\mathrm{d}t = 5 - 1000 \cdot 5t\,\Big|_{0_+}^{t} = 5 - 5000t \tag{5.41}$$

将 $t = 2\,\mathrm{ms}_-$ 代入式(5.41)可得 $v_o(2\,\mathrm{ms}_-) = -5\,\mathrm{V}$。

(2) 当 $t \in [2\,\mathrm{ms},\ 4\,\mathrm{ms})$ 时，$v_i = -5\,\mathrm{V}$。由于电容电压不能跃变，故 $v_o(2\,\mathrm{ms}_+) =$

$v_o(2 \text{ ms}_-) = -5$ V，将以上条件代入式（5.40），可得

$$v_o(t) = v_o(2\text{ms}_+) - \frac{1}{RC}\int_{2\text{ms}+}^{t} v_i(t)\mathrm{d}t$$

$$= -5 - \frac{1}{0.001}\int_{2\text{ms}+}^{t}(-5)\mathrm{d}t = -5 - 1000 \cdot (-5t)\big|_{2\text{ms}+}^{t} = 5000t - 15 \qquad (5.42)$$

将 $t = 4$ ms$_-$ 代入式（5.42）可得 $v_o(4 \text{ ms}_-) = 5$ V。

（3）当 $t \in [4 \text{ ms}, 6 \text{ ms})$ 时，$v_i = 5$ V。由于电容电压不能跃变，故 $v_o(4 \text{ ms}_+) = v_o(4 \text{ ms}_-) = 5$ V，将以上条件代入式（5.40），可得

$$v_o(t) = v_o(4 \text{ ms}_+) - \frac{1}{RC}\int_{4\text{ms}+}^{t} v_i(t)\mathrm{d}t$$

$$= 5 - \frac{1}{0.001}\int_{4\text{ms}+}^{t} 5\mathrm{d}t = 5 - 1000 \cdot (5t)\big|_{4\text{ms}+}^{t} = 25 - 5000t \qquad (5.43)$$

将 $t = 6$ ms$_-$ 代入式（5.43），可得 $v_o(6 \text{ ms}_-) = -5$ V。

（4）当 $t \in [6 \text{ ms}, 8 \text{ ms})$ 时，$v_i = -5$ V。由于电容电压不能跃变，故 $v_o(6 \text{ ms}_+) = v_o(6 \text{ ms}_-) = -5$ V 将以上条件代入式（5.40），可得

$$v_o(t) = v_o(6 \text{ ms}_+) - \frac{1}{RC}\int_{6\text{ms}+}^{t} v_i(t)\mathrm{d}t$$

$$= -5 - \frac{1}{0.001}\int_{6\text{ms}+}^{t}(-5)\mathrm{d}t = -5 - 1000 \cdot (-5t)\big|_{6\text{ms}+}^{t} = 5000t - 35$$

$$(5.44)$$

依次类推，可以绘制 $v_o(t)$ 的时域波形，如图 5.13（c）所示。

2. 仿真分析

创建如图 5.14（a）所示的仿真电路。

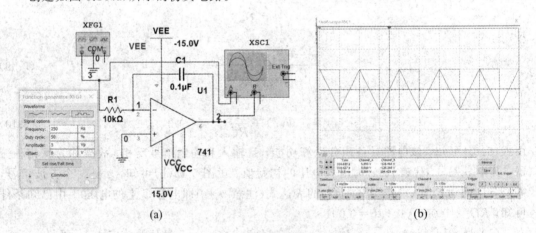

(a)　　　　　　　　　　　　　　(b)

图 5.14　仿真电路和充放电波形

设置函数信号发生器的输出信号是一个幅值为 5 V，频率为 250 Hz，均值为 0 V 的方波信号。用示波器双踪显示反相积分器的输入波形（A 通道）和输出波形（B 通道），如图 5.14（b）所示。注意在观测波形时，需要将 B 通道的输入耦合方式设置为 AC 耦合，这样可以隔离由于集成运放失调问题在输出端产生的直流偏置电压。从仿真结果来看，电路的振荡波形与理论分析结果基本一致。

第 6 章　动态电路响应分析

6.1　学　习　纲　要

6.1.1　思维导图

　　本章从动态电路的结构、基本概念、响应类型、分析方法以及电路应用等方面对一阶动态电路和二阶动态电路展开详细介绍,其思维导图如图 6.1 所示。通过对时间常数、积分电路、微分电路和二阶动态电路的仿真测试,有助于加深读者对电路暂态响应等基本概念的理解,同时为动态电路的参数测试和电路设计提供实验方法。

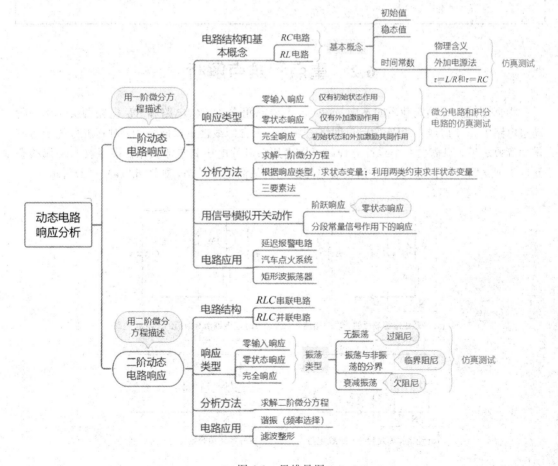

图 6.1　思维导图

6.1.2 学习目标

表 6.1 所示为本章的学习目标。

表 6.1 学习目标

序号	学习要求	学习目标
1	记忆	① 零输入响应、零状态响应和完全响应状态变量的求解公式； ② RC 和 RL 电路的时间常数 τ 的表达式； ③ 三要素公式
2	理解	① 零输入响应、零状态响应和完全响应的物理含义； ② 初始值、稳态值和时间常数的物理概念； ③ 三种响应类型电路中所体现的线性电路的性质
3	分析	① 一阶动态电路的响应分析； ② 三要素法在一阶动态电路中的应用； ③ 二阶动态电路响应的定性分析
4	应用	① 积分和微分电路； ② 汽车点火系统； ③ 延时报警电路； ④ 矩形波、三角波振荡器

6.2 重点和难点解析

根据动态元件储能性质的不同，一阶动态电路可分为 RC 电路和 RL 电路两类。在一阶动态电路中，与 L 或 C 相连的单口网络通常是一个含源线性单口网络 N，对其进行戴维南或诺顿等效之后，只需要一个线性方程即可描述其端口的电压和电流关系。将等效电路和动态元件 L 或 C 相连后可以获得一阶动态电路的四种最简电路结构，如图 6.2(a)～(d)所示。

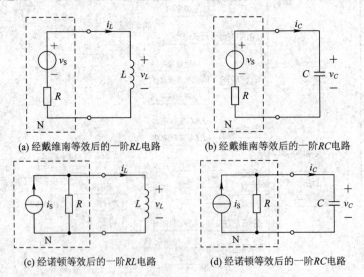

(a) 经戴维南等效后的一阶RL电路   (b) 经戴维南等效后的一阶RC电路

(c) 经诺顿等效后的一阶RL电路   (d) 经诺顿等效后的一阶RC电路

图 6.2 一阶动态电路的四种最简电路结构

在动态电路中,由于储能元件具有记忆性,因此其能量的存储和释放都不是即时完成的。当电路结构或参数发生变化时,电路中的电压或电流需要经历一段时间的变化过程才能从一个稳定状态过渡到另一个稳定状态。本章主要研究一阶动态电路的过渡过程,涉及换路前后两个直流稳定状态下的电路分析,以及换路之后电路的暂态响应分析。其中,电路状态的改变可以通过开关切换来实现。当开关切换导致电路状态发生改变时,电路的响应分为三种类型:零输入响应、零状态响应和完全响应。通过判断动态元件在换路瞬间是否具有初始储能,或是否受到外加激励的作用,即可判断电路的响应类型。

6.2.1　一阶动态电路分析

1. 零输入响应

零输入响应:换路后,RC 或 RL 电路中外加激励为零,仅由动态元件初始储能释放所产生的电路响应。

判断零输入响应的方法:在电路换路瞬间(t_+ 时刻),动态元件具有初始储能(即电容电压非零,电感电流非零),外加激励为零(即没有电源作用于动态电路)。

2. 零状态响应

零状态响应:换路后,RC 或 RL 电路中动态元件初始储能为零,仅由外加激励作用所产生的电路响应。

判断零状态响应的方法:在电路换路瞬间(t_+ 时刻),动态元件初始储能为零(即电容电压为零,电感电流为零),但有外加激励作用于动态电路。

3. 完全响应

完全响应:换路后,由动态元件的初始储能和外加激励共同作用所产生的电路响应。

完全响应可视为零输入响应和零状态响应的叠加,也可以视为暂态响应和稳态响应的叠加。

判断完全响应的方法:在电路换路瞬间(t_+ 时刻),动态元件具有初始储能(即电容电压非零,电感电流非零),且有外加激励作用于动态电路。

表 6.2 所示为 RC 和 RL 电路的三种响应的解的形式及三要素。

表 6.2　RC 和 RL 电路的三种响应的解的形式及三要素

	RC 电路	RL 电路
零输入响应	$v_C(t) = v_C(0_+) e^{-t/\tau}$	$i_L(t) = i_L(0_+) e^{-t/\tau}$
零状态响应	$v_C(t) = v_C(\infty)(1 - e^{-t/\tau})$	$i_L(t) = i_L(\infty)(1 - e^{-t/\tau})$
完全响应	$v_C(t) = v_C(0_+) e^{-t/\tau} + v_C(\infty)(1 - e^{-t/\tau})$	$i_L(t) = i_L(0_+) e^{-t/\tau} + i_L(\infty)(1 - e^{-t/\tau})$
初始值	$v_C(0_+)$	$i_L(0_+)$
时间常数	$\tau = RC$	$\tau = L/R$
稳态值	$v_C(\infty)$	$i_L(\infty)$

需要说明的是,表 6.2 中的三种响应的解的形式是通过对一阶微分方程求解分析得到的。从分析结果可知,无论是零输入响应、零状态响应还是完全响应电路,解至多涉及对

三个要素的分析和求解。确定这三个要素的步骤和方法如下：

（1）**初始值** $v_C(0_+)$ 或 $i_L(0_+)$ 的求解和分析方法参考第 5 章内容。

（2）**时间常数** τ 反映了动态元件充放电的快慢程度，单位是秒（s）。充放电越快，τ 值越小；充放电越慢，τ 值越大。工程上一般认为（3~5）τ 的时间充放电已结束。值得注意的是，RC 电路的时间常数 $\tau=RC$，RL 电路的时间常数 $\tau=L/R$，式中的 R 指换路之后，与电容 C 或电感 L 相连的单口网络所对应的无源网络的等效电阻，用第 2 章中介绍的外加电源法可以求解该项参数。此外，在一阶动态电路中，L 和 C 通常只有一个，或可以等效为一个 L 或一个 C。

（3）**稳态值** $v_C(\infty)$ 或 $i_L(\infty)$ 是指换路之后，电路再次达到直流稳定状态时的变量值。当 $t\to\infty$ 时，电容用开路模型代替，电感用导线模型代替，获得 $t\to\infty$ 时的等效电路。选择合适的电路分析方法，分析获得 $t\to\infty$ 时状态变量的值。

4. 三要素法

三要素法适用于一阶电路的分析和求解，同时适用于状态变量和非状态变量的求解。只要分析获得待求变量的初始值 $y(0_+)$、稳态值 $y(\infty)$ 和时间常数 τ，将其代入三要素公式 $y(t)=y(\infty)+[y(0_+)-y(\infty)]e^{-t/\tau}$，即可获得电路的响应解。

应用三要素法的关键在于三个要素的分析和求解。其中变量初始条件的确定步骤参考第 5 章内容；时间常数 τ 和稳态值 $y(\infty)$ 的确定步骤参考 6.2.1 节的第 3 条内容。

一阶动态电路响应分析步骤如下：

（1）判断电路中是否存在过渡过程，即换路之后，动态元件的储能是否发生了变化。

（2）判断换路之后电路的响应类型。应用表 6.2 中微分方程解的形式对状态变量 $v_C(t)$ 或 $i_L(t)$ 进行分析求解；从解的形式来看，求解零输入响应的关键是求状态变量的初始值和时间常数 τ。求解零状态响应的关键是求状态变量的稳态值和时间常数 τ。求解完全响应的关键是求状态变量的三个要素：初始值、稳态值和时间常数 τ。

（3）若待求变量为非状态变量，有如下两种方法可用于求解**非状态变量**的响应解：

方法一：在先求得状态变量响应的前提下，应用两类约束求解换路之后非状态变量的响应解。

方法二：直接利用三要素法分析求解非状态变量的响应解。注意：开关支路的电流响应只能利用 KCL 分析求解，不能直接应用三要素法进行分析。

5. 阶跃响应

阶跃响应是指一阶动态电路在阶跃信号作用下所产生的电路响应。单位阶跃信号的特征是：当 $t<0$ 时，$\varepsilon(t)=0$，当 $t>0$ 时，$\varepsilon(t)=1$，如图 6.3（a）所示。如果单位阶跃信号是电路中唯一的激励，则可以理解为当 $t<0$ 时，电路中的激励为 0；当 $t>0$ 时，电路中有一个激励为 1 的直流信号作用于电路。阶跃信号在电路中起开关的作用，在一阶动态电路中能引起零状态响应。

如果将单位阶跃信号和延迟的单位阶跃信号进行叠加，能产生分段线性常量信号，如图 6.3（b）所示。这样的激励不仅能引起电路中的零状态响应，还可以引起电路的零输入响应和完全响应。

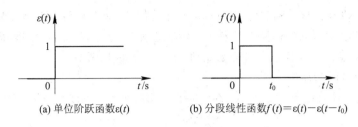

(a) 单位阶跃函数 $\varepsilon(t)$ (b) 分段线性函数 $f(t)=\varepsilon(t)-\varepsilon(t-t_0)$

图 6.3　单位阶跃函数和分段线性函数

6.2.2　二阶动态电路分析

　　RLC 串并联电路是最简的二阶动态电路结构,可用二阶微分方程对其进行描述。通过判断动态元件在换路瞬间是否具有初始储能,或是否受到外加激励的作用,可判断二阶动态电路的响应类型。响应类型分为零输入响应、零状态响应和完全响应三种类型。根据电路参数 R、L 和 C 的取值不同,二阶微分方程的特征根分为 4 种情况,电路响应会出现零阻尼、欠阻尼、临界阻尼和过阻尼 4 种状态,将分别激发电路产生周期振荡、衰减振荡、临界衰减振荡和非振荡衰减四种现象。本书中二阶电路的内容不作为重点解析,相关内容请参见电路分析的相关教材。

6.3　典型例题分析

　　【例 6.1】　已知电路如图 6.4(a)所示,$t<0$ 电路已达到稳定状态,$t=0$ 时,开关 S 打开,试求 $v_C(t)$ 和 $i(t)$,$t\geqslant 0$。

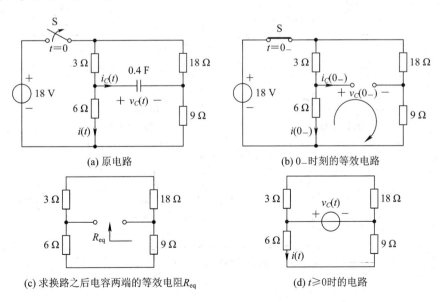

(a) 原电路   (b) 0_- 时刻的等效电路

(c) 求换路之后电容两端的等效电阻 R_{eq} (d) $t\geqslant 0$ 时的电路

图 6.4　例 6.1 的电路图

题意分析:

　　$t<0$ 时开关闭合,已知电路处于直流稳态,此时电容用开路模型替代。初步判断电容

两端电压非零，即电容具有初始储能。$t=0$ 时开关打开，RC 电路中无外加激励，且换路后电容的初始储能将通过 RC 回路进行释放，因此电路响应为 RC 电路的**零输入响应**。求解零输入响应的关键在于求状态变量的初始值 $v_C(0_+)$ 和时间常数 τ。

（1）状态变量的初始值 $v_C(0_+)$。

画 0_- 时刻的等效电路，如图 6.4(b) 所示。选取如图所示的回路，列写回路的 KVL 方程：

$$v_C(0_-)+18\times\frac{9}{9+18}-18\times\frac{6}{6+3}=0 \tag{6.1}$$

解得 $v_C(0_-)=6$ V。根据换路定则可知，$v_C(0_+)=v_C(0_-)=6$ V。

（2）时间常数 τ。

换路之后，与电容相连的单口网络所对应的无源网络如图 6.4(c) 所示。从电容端视入的等效电阻表示为 $R_{eq}=(3+18)/\!/(6+9)=8.75\ \Omega$，故时间常数为

$$\tau=R_{eq}C=8.75\times0.4=3.5\ \text{s} \tag{6.2}$$

将初始值 $v_C(0_+)$ 和时间常数 τ 代入零输入响应解的形式中，可得

$$v_C(t)=v_C(0_+)\mathrm{e}^{-t/\tau}=6\mathrm{e}^{-t/3.5}\ \text{V}\quad t\geqslant0 \tag{6.3}$$

（3）将电容元件用电压为 $v_C(t)$ 的电压源代替，获得 $t\geqslant0$ 时的电路，如图 6.4(d) 所示。$6\ \Omega$ 电阻的电流 $i(t)$ 表示为

$$i(t)=\frac{v_C(t)}{6+9}=0.4\mathrm{e}^{-t/3.5}\ \text{A}\quad t\geqslant0 \tag{6.4}$$

【**例 6.2**】　在如图 6.5(a) 所示的一阶动态电路中，换路前电路已处于稳态，$t=0$ 时开关闭合。求换路后的 $i_L(t)$ 及 $v(t)$。

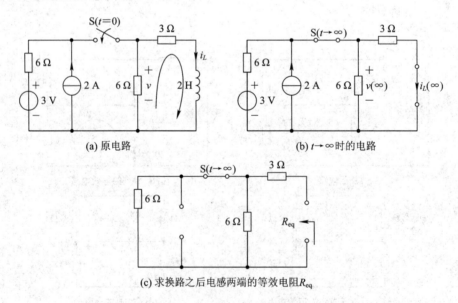

(a) 原电路　　　　　　　　(b) $t\to\infty$ 时的电路

(c) 求换路之后电感两端的等效电阻 R_{eq}

图 6.5　例 6.2 的电路图

题意分析：

当 $t<0$ 时，开关打开，假设电感原先具有储能，经过很长时间以后，储能通过 RL 回路释放完毕，故电感元件在换路的前一瞬间无初始储能。当开关闭合之后，RL 电路有外

加激励作用，故电路响应是 RL 电路的**零状态响应**。求解零状态响应的关键在于求状态变量的稳态值 $i_L(\infty)$ 和时间常数 τ。

（1）状态变量的稳态值 $i_L(\infty)$。

开关闭合之后，当电路再次达到稳定状态时，电感用短路模型替代。$t\to\infty$ 时的电路如图 6.5(b) 所示。下面利用叠加原理进行分析。3 V 电压源单独作用时，2 A 电流源作开路处理，可得响应分量为

$$i'_L(\infty)=\frac{3}{6+6\,/\!/\,3}\times\frac{6}{3+6}=0.25\text{ A} \tag{6.5}$$

讨论 2 A 电流源单独作用时的电路响应，此时 3 V 电压源作短路处理，可得响应分量为

$$i''_L(\infty)=2\times\frac{6\,/\!/\,6}{6\,/\!/\,6+3}=1\text{ A} \tag{6.6}$$

式(6.5)与式(6.6)经叠加之后，可得

$$i_L(\infty)=i'_L(\infty)+i''_L(\infty)=1.25\text{ A} \tag{6.7}$$

（2）时间常数 τ。

换路之后，与电感相连的单口网络所对应的无源网络如图 6.5(c) 所示。此处独立源置零（电压源短路，电流源开路）。从电感端视入的等效电阻表示为 $R_{eq}=3+6\,/\!/\,6=6\ \Omega$，故时间常数为

$$\tau=L/R_{eq}=2/6=1/3\text{ s} \tag{6.8}$$

将稳态值 $i_L(\infty)$ 和时间常数 τ 代入零状态响应解的形式中，可得

$$i_L(t)=i_L(\infty)(1-e^{-t/\tau})=1.25(1-e^{-3t})\text{A}\quad t\geqslant0 \tag{6.9}$$

（3）列写如图 6.5(a) 所示回路的 KVL 方程：

$$3i_L(t)+L\frac{di_L(t)}{dt}-v(t)=0 \tag{6.10}$$

解得

$$v(t)=3.75+3.75e^{-3t}\text{V}\quad t\geqslant0$$

【例 6.3】　一阶动态电路如图 6.6 所示，在开关闭合前，电路已达到稳定状态，$t=0$ 时开关闭合，求开关闭合后的 $i_k(t)$。

题意分析：

已知开关闭合前，电路达到直流稳态，电感用短路模型替代，电容用开路模型替代。由于电容开路，回路中的电感电流为 0，因此换路前电感的初始储能为 0。因电容电压（即电压源电压）为非零状态，故换路前电容具有初始储能。$t=0$ 时开关闭合，此时电容的储能将通过 2 Ω 电阻和电容 C 的回路进行放电，产生的电流响应将通过开关支路，在电路中引起**零输入响应**。对电感 L 来讲，10 V 电压源将作用于 RL 电路，其产生的电流响应也将通过开关支路，并在电路中引起**零状态响应**。

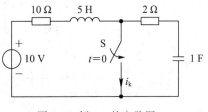

图 6.6　例 6.3 的电路图

本题待求的电路响应是流经开关支路的电流 $i_k(t)$。该支路电流不能直接应用三要素公式进行分析，原因是流经它的电流具有两个不同的时间常数。故只能通过节点的 KCL

分析开关支路的电流 $i_k(t)$。

根据前面的分析，利用换路定则可知 $v_C(0_+)=v_C(0_-)=10$ V。$t\rightarrow\infty$ 时，电感用短路模型代替，故 $i_L(\infty)=\dfrac{10}{10}=1$ A。RC 电路的时间常数 $\tau_C=R_{eq1}C=2\times1=2$ s；RL 电路的时间常数 $\tau_L=L/R_{eq2}=5/10=0.5$ s。RC 电路的零输入响应解为

$$v_C(t)=v_C(0_+)e^{-t/\tau_C}=10e^{-t/2}\text{ V} \tag{6.11}$$

RL 电路的零状态响应解为

$$i_L(t)=i_L(\infty)(1-e^{-t/\tau_L})=(1-e^{-2t})\text{ A} \tag{6.12}$$

列写 5 H 电感右侧节点的 KCL 方程：

$$i_L(t)+\frac{v_C(t)}{2}-i_k(t)=0 \tag{6.13}$$

解得

$$i_k(t)=1-e^{-2t}+5e^{-t/2}\text{ A}\quad t\geqslant0 \tag{6.14}$$

【例 6.4】　已知电路如图 6.7(a)所示，已知换路前电路达到稳定状态，$t=0$ 时刻开关从位置 1 拨动到位置 2。

（1）画出 $t=0_+$ 时刻的等效电路，并计算 $v_R(0_+)$ 和 $v_C(0_+)$；

（2）计算 $t\geqslant0$ 时电路的时间常数 τ，并简述时间常数 τ 对一阶动态电路充放电速度的影响；

（3）画出 $t\rightarrow\infty$ 时的等效电路，并计算 $v_R(\infty)$ 和 $v_C(\infty)$；

（4）利用三要素法求 $t\geqslant0$ 时的 $v_R(t)$ 和 $v_C(t)$。

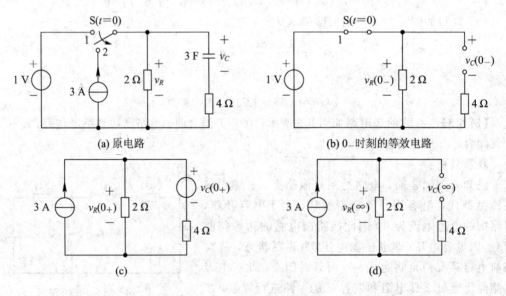

图 6.7　例 6.4 的电路图

题意分析：

（1）换路前电路已达稳态，直流稳态下，电容用开路模型替代，0_- 时刻的等效电路如图 6.7(b)所示。根据该电路分析可得 $v_C(0_-)=1$ V。由换路定则可知

$$v_C(0_+)=v_C(0_-)=1\text{ V} \tag{6.15}$$

非状态变量 $v_R(t)$ 的初始值可通过 0_+ 时刻的等效电路分析获得。画出 0_+ 时刻的等效电路，如图 6.7(c) 所示。其中电容用电压源替代，取 0_+ 时刻的值，参考方向和电容电压的参考方向相同。图 6.7(c) 中，利用叠加原理分析 $v_R(0_+)$，可得

$$v_R(0_+)=3\times\frac{4\times2}{2+4}+v_C(0_+)\times\frac{2}{4+2}=\frac{13}{3}\text{V} \tag{6.16}$$

（2）图 6.7(a) 中，当开关切换到 2 时，将电流源置零（开路处理），与电容 C 相连的单口网络的等效电阻为 $R_{eq}=2+4=6\ \Omega$，故时间常数 $\tau=R_{eq}C=18$ s。τ 值越大（越小），RC 电路充放电的速度越慢（越快）。

（3）当 $t\to\infty$ 时，电路再次达到直流稳态，电容用**开路**模型替代，$t\to\infty$ 时的等效电路如图 6.7(d) 所示。直流稳态下电路变量的稳态值表示为

$$v_R(\infty)=v_C(\infty)=3\times2=6\text{ V} \tag{6.17}$$

（4）将 $v_R(t)$ 和 $v_C(t)$ 的三要素分别代入三要素公式，可得

$$\begin{cases} v_R(t)=v_R(\infty)+[v_R(0_+)-v_R(\infty)]\text{e}^{-t/\tau} \\ \qquad =6+\left(\dfrac{13}{3}-6\right)\text{e}^{-t/18}=6-\dfrac{5}{3}\text{e}^{-t/18}\text{V} \quad t\geqslant0 \\ v_C(t)=v_C(\infty)+[v_C(0_+)-v_C(\infty)]\text{e}^{-t/\tau} \\ \qquad =6+(1-6)\text{e}^{-t/18}=6-5\text{e}^{-t/18}\text{V} \quad t\geqslant0 \end{cases} \tag{6.18}$$

【**例 6.5**】　已知电路如图 6.8 所示，已知换路前电路已达到直流稳态，$t=0$ 时刻开关闭合，求图中所示的电路响应 $v_L(t)$ 和 $i(t)$，$t\geqslant0$。

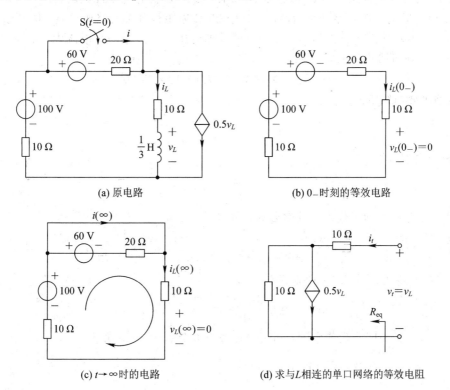

图 6.8　例 6.5 的电路图

题意分析：

该电路是一个一阶 RL 动态电路，有两种方法可以用于该题的分析。① 利用三要素公式求解状态变量 $i_L(t)$，再利用基尔霍夫定律分析非状态变量 $v_L(t)$ 和 $i(t)$；② 利用三要素法直接分析非状态变量 $v_L(t)$ 和 $i(t)$。

本例采用方法①进行分析。由于开关闭合之后的 RL 电路既有初始储能又有外加激励，故该电路的响应为**完全响应**。

（1）先求解 $i_L(t)$ 的三要素 $i_L(0_+)$、$i_L(\infty)$ 和时间常数 τ。分析过程如下：

① 已知换路前电路已达到直流稳态，直流电激励下电感用**短路**模型替代，因此 $v_L=0$，故 $0.5v_L=0$，受控电流源电流为 0 作**开路**处理，0_- 时刻等效电路如图 6.8(b)所示，图中 $i_L(0_-)$ 表示为

$$i_L(0_-)=\frac{100-60}{20+10+10}=1\text{ A} \tag{6.19}$$

由换路定则可得

$$i_L(0_+)=i_L(0_-)=1\text{ A} \tag{6.20}$$

② 开关闭合后，当 $t\to\infty$ 时，电感用短路模型替代，因此 $v_L(\infty)=0$，$0.5v_L(\infty)=0$，受控电流源电流为 0 依旧作开路处理。$t\to\infty$ 时的等效电路如图 6.8(c)所示，选取如图所示的回路，列写回路的 KVL 方程：

$$i_L(\infty)=\frac{100}{10+10}=5\text{ A} \tag{6.21}$$

③ 利用外加电源法求与 L 相连的单口网络的等效电阻 R_{eq}。开关闭合后，将电路中的 100 V 和 60 V 电压源短路处理（置零）。其中 20 Ω 电阻被开关支路所短路。从电感 L 两端视入的等效电路如图 6.8(d)所示。在端口处外加电压 v_t，产生的端电流为 i_t，注意端口电压 $v_t=v_L$。列写回路的 KVL 方程：

$$v_L+10\times(0.5v_L-i_t)-10\times i_t=0 \tag{6.22}$$

单口网络等效电阻 R_{eq} 表示为

$$R_{eq}=\frac{v_t}{i_t}=\frac{v_L}{i_t}=\frac{10}{3}\text{ Ω} \tag{6.23}$$

故电路的时间常数为

$$\tau=\frac{L}{R_{eq}}=0.1\text{ s} \tag{6.24}$$

将 $i_L(0_+)$、$i_L(\infty)$ 和 τ 代入三要素公式，可得

$$i_L(t)=i_L(\infty)+[i_L(0_+)-i_L(\infty)]e^{-t/\tau}$$
$$=5-4e^{-10t}\text{ A}\quad t\geqslant 0 \tag{6.25}$$

（2）列写电感元件的 VCR 方程：

$$v_L(t)=L\frac{di_L(t)}{dt}=\frac{40}{3}e^{-10t}\text{ V}\quad t\geqslant 0 \tag{6.26}$$

根据图 6.8(a)开关闭合后的电路，列写受控源上方节点的 KCL 方程：

$$i(t)=i_L(t)+0.5v_L(t)+\frac{60}{20}$$
$$=5-4e^{-10t}+0.5\times\frac{40}{3}e^{-10t}+3=8+\frac{8}{3}e^{-10t}\text{ A}\quad t\geqslant 0 \tag{6.27}$$

【例 6.6】 如图 6.9(a)所示电路，开关闭合前电路已处于稳定状态，$t=0$ 时开关闭合，求 $v_C(t)$，$t \geqslant 0$。若 12 V 电源改为 24 V 电源，求 $v_C(t)$，$t \geqslant 0$。

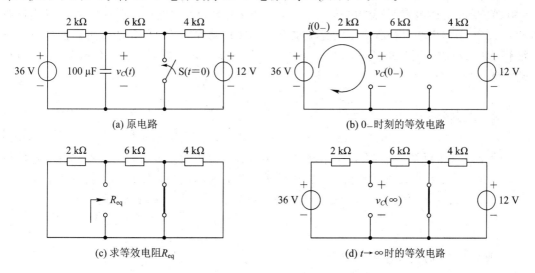

图 6.9 例 6.6 的电路图

题意分析：

由题意可知，开关闭合前电路处于直流稳态，电容开路处理，如图 6.9(b)所示。由于电容两端的电压不为零，故电容具有初始储能。$t=0$ 时开关闭合，闭合之后的 RC 电路既有外加激励（36 V），又有初始储能，故电路响应为**完全响应**。

完全响应电路中状态变量 $v_C(t)$ 的求解方法有两种：① 分别求解电路的零输入响应和零状态响应，再利用叠加原理获得完全响应解；② 利用三要素公式直接求解状态变量的响应解。在本例的第二问中将 12 V 电源改为 24 V 电源之后，要求重复求解电路响应，而 12 V 电源只和电容电压的初值有关，也就是说它的改变只影响到零输入响应，故本例采用方法①分析比较合适。

（1）求电路的零输入响应。

换路前，电路处于直流稳态，电容用开路模型代替，获得 0_- 时刻等效电路，如图 6.9(b)所示。选取 2 kΩ 电阻、电容元件和 36 V 电压源所构成的回路作为研究对象，列写回路的 KVL 方程：

$$2000 \times i(0_-) + v_C(0_-) - 36 = 0 \tag{6.28}$$

其中，$i(0_-) = (36-12)/(2+6+4) \times 10^3 = 2$ mA。将 $i(0_-)$ 代入式(6.28)，可得 $v_C(0_-) = 32$ V。由换路定则可得

$$v_C(0_+) = v_C(0_-) = 32 \text{ V} \tag{6.29}$$

开关闭合之后，将与电容相连的单口网络内部的独立源置零，得到如图 6.9(c)所示的电路。注意到 4 kΩ 电阻被开关支路所短路，故图 6.9(c)中从电容端口视入的等效电阻 $R_{eq} = 2$ kΩ // 6 kΩ = 1.5 kΩ，故一阶动态电路的时间常数为

$$\tau = R_{eq}C = 1.5 \text{ kΩ} \times 100 \mu\text{F} = 0.15 \text{ s} \tag{6.30}$$

因此 RC 电路的零输入响应表示为

$$v'_C(t) = v_C(0_+)e^{-t/\tau} = 32e^{-t/0.15} \text{V} \quad t \geqslant 0 \tag{6.31}$$

（2）求电路的零状态响应。

开关闭合之后，当电路再次达到稳定状态时，电容开路处理，$t \to \infty$ 时的等效电路如图 6.9(d) 所示。此时电容两端的电压 $v_C(\infty)$ 即 6 kΩ 电阻两端的电压。开关右侧 12 V 电压源和 4 kΩ 电阻的串联电路所产生的电流被开关支路所短路，对左侧的 RC 电路的稳态响应没有影响。利用分压公式可得，$v_C(\infty) = 36 \times 6k/(2k+6k) = 27$ V。开关闭合后，RC 电路的零状态响应表示为

$$v''_C(t) = v_C(\infty)(1 - e^{-t/\tau}) = 27(1 - e^{-t/0.15}) \text{V} \quad t \geqslant 0 \tag{6.32}$$

（3）求完全响应。

$$v_C(t) = v'_C(t) + v''_C(t) = 27 + 5 e^{-t/0.15} \text{V} \quad t \geqslant 0 \tag{6.33}$$

由上述分析可知，将 12 V 电源改为 24 V 电源，只影响到零输入响应中状态变量的初始值，故只需要重新计算初始值，即能获得新的零输入响应解，从而获得新条件下的完全响应解。当 12 V 改为 24 V 电源后，状态变量的初始值 $v_C(0_+)$ 分析如下：

$$v_C(0_+) = v_C(0_-) = \left[36 - (36-24) \times \frac{2}{2+6+4} \right] = 34 \text{ V} \tag{6.34}$$

12 V 改为 24 V 时的零输入响应为

$$v'_C(t) = v_C(0_+) e^{-t/\tau} = 34 e^{-t/0.15} \text{V} \tag{6.35}$$

12 V 改为 24 V 时的完全响应为

$$v_C(t) = 27 + 7 e^{-t/0.15} \text{V} \quad t \geqslant 0 \tag{6.36}$$

【例 6.7】　在如图 6.10(a) 所示的电路中，开关在 $t=0$ 时刻断开，开关断开前电路已达到稳定状态。求开关断开后 $t \geqslant 0$ 时的 $i(t)$ 和 $v_L(t)$。

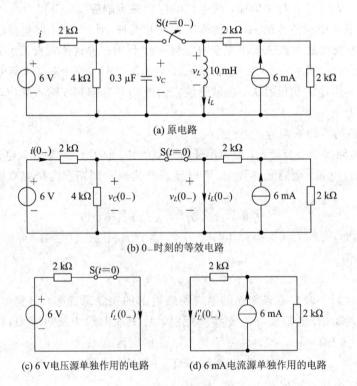

图 6.10　例 6.7 的电路图

题意分析：

开关打开前，电路中既有电容又有电感，且是两个独立的动态元件，因此这是一个二阶动态电路。开关打开后，左侧电路和右侧电路之间通过一根导线相连。由闭合面的 KCL 可知，导线上的电流为 0。此时，左右两侧的电路是两个独立的一阶动态电路。

该题待求的两个变量均为非状态变量，有两种方法可用于该题的分析和求解：① 先求出状态变量 $v_C(t)$ 和 $i_L(t)$ 的响应解，再利用两类约束列方程求解非状态变量 $i(t)$ 和 $v_L(t)$ 的响应解；② 利用三要素法直接求解非状态变量 $i(t)$ 和 $v_L(t)$ 的响应解。本例选择方法① 进行分析，分析步骤如下所述。

（1）求状态变量 $v_C(t)$ 和 $i_L(t)$ 的响应解。

已知换路前电路处于直流稳态，故 0_- 时刻，电容用开路模型代替，电感用短路模型代替，如图 6.10(b)所示。由于电容和电感是并联结构，故电容电压的起始值 $v_C(0_-)=0$，电感电流的起始值 $i_L(0_-)$ 可通过图 6.10(b)所示的电路分析获得。

在图 6.10(b)的电路中有两个独立源，利用叠加原理分析流过导线支路的电流 $i_L(0_-)$，分别画出 6 V 电压源和 6 mA 电流源单独作用时的分解电路，如图 6.10(c)和(d)所示。当 6 V 电压源单独作用时，6 mA 电流源开路处理，此时左侧的 4 kΩ 电阻和右侧的 2 个 2 kΩ 电阻均被导线支路所短路，化简之后的电路如图 6.10(c)所示。由该电路可得 $i'_L(0_-)=$ 6 V/2 kΩ=3 mA。当 6 mA 电流源单独作用时，6 V 电压源短路处理，2 kΩ 和 4 kΩ 的并联电路被导线支路所短路，故化简之后的等效电路如图 6.10(d)所示。由分流公式可得 $i''_L(0_-)=3$ mA。由叠加性可知：$i_L(0_-)=i'_L(0_-)+i''_L(0_-)=6$ mA。根据换路定则可得

$$\begin{cases} v_C(0_+)=v_C(0_-)=0 \text{ V} \\ i_L(0_+)=i_L(0_-)=6 \text{ mA} \end{cases} \tag{6.37}$$

当开关打开后，开关左侧的 RC 电路中，电容的初始储能为 0，外加激励不为 0，故 $t \geqslant 0$ 时 RC 电路的响应为**零状态响应**，其状态变量的响应解为

$$v_C(t)=v_C(\infty)(1-e^{-t/\tau_C})=4(1-e^{-2500t}) \quad t \geqslant 0 \tag{6.38}$$

其中，$\tau_C=R_{eq1}C=(2 \text{ kΩ} // 4 \text{ kΩ}) \times 0.3 \text{ μF}=0.4 \text{ ms}$，$v_C(\infty)=4$ V。

当开关打开后，开关右侧的 RL 电路中，电感具有初始储能，且外加激励不为 0，故 $t \geqslant 0$ 时的 RL 电路为完全响应电路，其状态变量的响应解为

$$\begin{aligned} i_L(t)&=i_L(\infty)+(i_L(0_+)-i_L(\infty))e^{-t/\tau_L} \\ &=3+3e^{-t/(2.5 \times 10^{-6})} \text{ mA} \quad t \geqslant 0 \end{aligned} \tag{6.39}$$

其中，$\tau_L=L/R_{eq2}=10 \text{ m}/(2 \text{ kΩ}+2 \text{ kΩ})=2.5 \times 10^{-6}$ s，$i_L(\infty)=3$ mA。

（2）利用两类约束求解非状态变量 $i(t)$ 和 $v_L(t)$ 的响应解。

选取 6 V 电压源、2 kΩ 电阻和电容 C 所构成的回路，列写回路的 KVL 方程：

$$2000 \times i(t)+v_C(t)-6=0 \tag{6.40}$$

解得 $i(t)=1+2e^{-2500t}$ mA$(t \geqslant 0)$。由电感元件的 VCR 方程可得

$$v_L(t)=L \frac{di_L(t)}{dt}=-12e^{-t/(2.5 \times 10^{-6})} \text{V} \quad t \geqslant 0 \tag{6.41}$$

【例 6.8】 已知电路如图 6.11(a)所示，已知 $t<0$ 时电路已处于直流稳态，求 $t \geqslant 0$ 时的 $i(t)$ 和 $v(t)$。

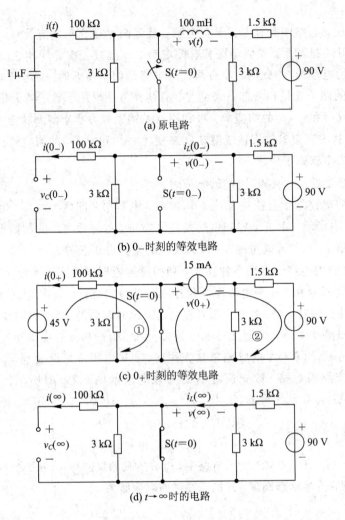

图 6.11　例 6.8 的电路图

题意分析:

　　开关闭合前,电路中既有电容又有电感,且是两个独立的动态元件,因此这是一个二阶动态电路。开关闭合后,开关支路左侧的电路是一个 RC 电路,在 $t \geqslant 0$ 时产生的电流响应会流经开关支路,但不会流向开关右侧的电路。同理,开关闭合后,开关支路右侧的 RL 电路在 $t \geqslant 0$ 时产生的电流响应也会流经开关支路,但不会流向开关左侧的电路。故开关支路左右两侧的电路是两个独立的一阶动态电路,可以分别利用一阶动态电路的分析方法进行分析和求解。

　　该题待求的两个变量均为非状态变量,与例 6.7 类似,可采用两种方法进行分析,本例选择方法②即三要素法分析电路,分析步骤如下。

　　(1) 非状态变量的初始值 $i(0_+)$ 和 $v(0_+)$ 的确定。

　　已知换路前电路处于直流稳态,0_- 时刻,电容用开路模型代替,电感用短路模型代替,获得如图 6.11(b) 所示的 0_- 时刻等效电路。在 90 V 电压源的激励下,电感支路的电流 $i_L(0_-) \neq 0$,电容两端的电压 $v_C(0_-) \neq 0$,故电感和电容在换路前均具有初始储能。利用分

压公式和欧姆定律分别计算 $v_C(0_-)$ 和 $i_L(0_-)$，可得

$$\begin{cases} v_C(0_-) = \dfrac{90\ \text{V} \times (3\ \text{k}\Omega /\!/ 3\ \text{k}\Omega)}{3\ \text{k}\Omega /\!/ 3\ \text{k}\Omega + 1.5\ \text{k}\Omega} = 45\ \text{V} \\[2mm] i_L(0_-) = \dfrac{v_C(0_-)}{3\ \text{k}\Omega} = 15\ \text{mA} \end{cases} \tag{6.42}$$

由换路定则可得

$$\begin{cases} v_C(0_+) = v_C(0_-) = 45\ \text{V} \\ i_L(0_+) = i_L(0_-) = 15\ \text{mA} \end{cases} \tag{6.43}$$

画 0＋时刻等效电路，其中电容和电感分别用电压源和电流源替代，取 0＋时刻的值，参考方向同电容电压和电感电流方向相同，如图 6.11(c) 所示。列写回路①的 KVL 方程：

$$-100\ \text{k}\Omega \times i(0_+) - 45\ \text{V} = 0 \tag{6.44}$$

解得 $i(0_+) = -0.45\ \text{mA}$。列写回路②的 KVL 方程：

$$v(0_+) + 1.5\ \text{k}\Omega \times \left(\frac{v(0_+)}{3\ \text{k}\Omega} - 15\ \text{mA} \right) + 90\ \text{V} = 0 \tag{6.45}$$

解得 $v(0_+) = -45\ \text{V}$。

（2）时间常数 τ 的确定。

图 6.11 (a) 中开关支路左右两侧的电路是两个独立的一阶动态电路，因此有两个不同的时间常数。其中 RC 电路的时间常数 $\tau_C = R_{\text{eq1}} C = 100\ \text{k}\Omega \times 1\ \mu\text{F} = 0.1\ \text{s}$。其中 R_{eq1} 是换路之后从电容两端视入的单口网络的等效电阻。而 RL 电路的时间常数 $\tau_L = L/R_{\text{eq2}} = 100\ \text{mH}/(3\ \text{k}\Omega /\!/ 1.5\ \text{k}\Omega) = 10^{-4}\ \text{s}$。其中，$R_{\text{eq2}}$ 是换路之后从电感两端视入的单口网络的等效电阻。

（3）稳态值 $i(\infty)$ 和 $v(\infty)$ 的确定。

当开关闭合后，电路再次达到直流稳态时，电容用开路模型替代，电感用短路模型替代，获得 $t \rightarrow \infty$ 时的等效电路，如图 6.11(d) 所示。由图 6.11(d) 可知，$i(\infty) = 0$，$v(\infty) = 0$。将两个非状态变量的初始值、时间常数和稳态值代入到三要素公式，可得

$$\begin{cases} i(t) = -0.45 \text{e}^{-10t}\ \text{mA} & t \geqslant 0 \\ v(t) = -45 \text{e}^{-10^4 t}\ \text{V} & t \geqslant 0 \end{cases} \tag{6.46}$$

【例 6.9】　图 6.12(a) 为汽车点火电路，L 是点火线圈，火花塞是一对间隔一定空气隙的电极。当开关动作时，瞬时电流在点火线圈上产生高压（一般为 20～40 kV），这一高压在

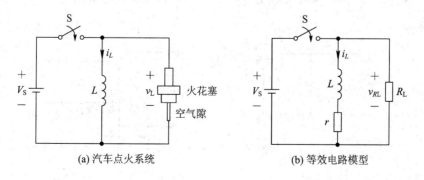

(a) 汽车点火系统　　　　　　　　　　　(b) 等效电路模型

图 6.12　例 6.9 的电路图

火花塞处产生火花而点燃气缸中的汽油混合物，从而发动汽车。图 6.12(b)为其等效电路模型，实际点火线圈等效为理想电感 L 与电阻 r 的串联支路，火花塞等效为一个电阻 R_L。为了分析方便，结合实际应用给出各个参数：$R_L=20$ kΩ，$r=6$ Ω，$L=0.3$ mH，$V_s=12$ V，开关 S 在 $t=0$ 时闭合，经过 $t_0=1$ ms 后又打开，求 $t>t_0$ 时火花塞 R_L 上的电压 v_{RL}，并判断是否能达到 20～40 kV 的设计要求。

题意分析：

由图 6.12(b)可知，当 $0<t<t_0$ 时，开关闭合，从电感 L 两端看进去(V_s置零)，等效电阻为 $R_{\Omega 1}=r=6$ Ω。电路的时间常数 $\tau_1=\dfrac{L}{r}=\dfrac{0.3\times10^{-3}}{6}=5\times10^{-5}$ s。

开关 S 在 $t_0=1$ ms 时打开，$t_0=1ms\gg5\tau_1$，因此电路在 $t=t_0$ 时已达到稳定状态。因 $r\ll R_L$，故 $i_L(t_{0-})\approx\dfrac{V_s}{r}=2$ A。根据换路定则：$i_L(t_{0+})=i_L(t_{0-})\approx2$ A。当开关 S 打开之后，RL 电路具有初始储能，但无外加激励，故该电路为**零输入响应**电路。时间常数 $\tau_2=\dfrac{L}{R_{\Omega 2}}\approx\dfrac{0.3\times10^{-3}}{20\times10^3}=\dfrac{3}{20}\times10^{-7}$ s。其中 $R_{\Omega 2}$ 为开关打开后，从电感 L 两端视入的等效电阻。将三要素代入三要素公式，可得

$$i_L(t)=i_L(t_{0+})\mathrm{e}^{-(t-t_0)/\tau}\approx2\mathrm{e}^{-20(t-t_0)/(3\times10^{-7})}\ \text{A} \tag{6.47}$$

列写回路的 KVL 方程：

$$v_{RL}(t)=L\dfrac{\mathrm{d}i_L(t)}{\mathrm{d}t}+i_L(t)r \tag{6.48}$$

解得

$$v_{RL}(t)\approx-40\mathrm{e}^{-20(t-t_0)/(3\times10^{-7})}\ \text{kV}\quad t\geqslant0 \tag{6.49}$$

可见，火花塞上的瞬时电压可以达到 40 kV，该电压足以使火花塞点火。开关的闭合和打开可用脉冲宽度为 1 ms 的脉冲电子开关控制。

【例 6.10】 RC 电路常应用在报警器、电机控制中产生一个延时信号，如图 6.13(a)所示。来自传感器的电压信号 v_i，经过 RC 系统后，v_i 对 v_C 进行充电，v_C 会按指数规律增大，当 v_C 超过门限电压 v_T 时会发生报警。原理图如图 6.13(b)所示。中间的延迟就是给我们预留的时间，可以根据需求进行设计。结合实际应用给出各个参数：$v_i=20$ V，门限电压 $v_T=16$ V，$C=40$ μF，要求至少有 25 s 的延时时间来关闭报警系统。

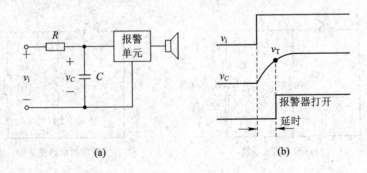

图 6.13　例 6.10 的电路图和波形图

题意分析:

传感器的电压信号 v_i 在 RC 电路中产生的响应是零状态响应,故

$$v_C(t) = v_i(\infty)(1 - e^{-t/(RC)}) \tag{6.50}$$

将式(6.50)两侧变形并取对数,可得

$$t = -RC\ln\left(\frac{v_i(\infty) - v_C(t)}{v_i(\infty)}\right) \tag{6.51}$$

将 $v_C(t) = v_T = 16$ V,$v_i(\infty) = 20$ V,$t = 25$ s,$C = 40$ μF 代入式(6.51),可得 $R = 388$ kΩ,选取大于该阻值的标称值电阻 $R = 390$ kΩ 或 $R = 400$ kΩ。

6.4 仿 真 实 例

6.4.1 时间常数 τ 的测量

一阶动态电路时间常数 τ 的仿真实验测量方法如下。将均值不为 0 的周期性方波信号施加在初始值为 0 的 RC 电路上,仿真电路如图 6.14(a)所示。设置函数信号发生器的输出信号种类为方波,频率为 $f = 100$ Hz,占空比为 50%,幅值为 5 V,直流偏置电压为 5 V。当方波的上升沿到来时,该信号可视为阶跃信号,在电路中会引起零状态响应。当方波的下降沿到来时,类似激励的撤销,在电路中会引起零输入响应。

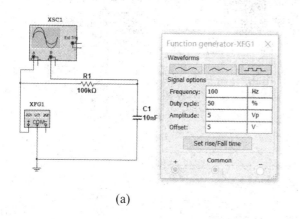
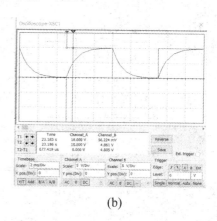

(a)　　　　　　　　　　　　　　　　(b)

图 6.14　时间常数的测量仿真实例图

RC 电路零输入响应的本质是电容的放电过程,放电过程的数学模型为 $v_C(t) = v_C(0_+)e^{-t/\tau}$;零状态响应的本质是电容的充电过程,充电过程的数学模型为 $v_C(t) = v_C(\infty)(1 - e^{-t/\tau})$。本例中利用示波器观察充放电波形,并根据图形分析计算 RC 电路的时间常数 τ。

运行仿真按钮,获得方波激励下如图 6.14(b)所示的充放电波形。移动两个光标,使其与波形分别相交在幅值为 5/2 和 0 的两个位置上,读出两个光标的时间差 $\Delta t = 677.419$ μs,即电容电压充电到 $E/2$ 的时间。将 $\Delta t = 677.419$ μs、$v_C(t) = E/2$ 和 $v_C(\infty) = E$ 代入到零状态响应公式 $v_C(t) = v_C(\infty)(1 - e^{-\Delta t/\tau})$ 中,可得

$$E/2 = E(1 - e^{-677.419\,\mu s/\tau}) \tag{6.52}$$

化简上式可得 $\tau=0.6931\Delta t$，即 $\tau=977.376~\mu$s。与理论值 $\tau=RC=100$ k$\Omega\times10$ nF$=10^{-3}$ s 相比，相对误差 $|\Delta\tau|/\tau=2.262\%$。

6.4.2 积分电路仿真实例

积分电路是一种能够实现积分运算的功能电路，该电路同时还具有波形变换的作用。积分电路的原理图如图 6.15(a)所示，可根据电路结构推导输出电压 $v_o(t)$ 和输入电压 $v_i(t)$ 的关系。

$$v_o(t)=\frac{1}{C}\int i(t)\mathrm{d}t=\frac{1}{C}\int\frac{v_R(t)}{R}\mathrm{d}t=\frac{1}{RC}\int v_R(t)\mathrm{d}t \tag{6.53}$$

当电路参数满足条件 $\tau\gg T/2$ 时，RC 电路充放电非常缓慢，经过 $T/2$ 时间，电容电压 $v_o(t)\approx0$，$v_i(t)\approx v_R(t)$，故

$$v_o(t)\approx\frac{1}{RC}\int v_i(t)\mathrm{d}t \tag{6.54}$$

创建如图 6.15(b)所示的仿真电路。设置函数信号发生器的输出信号 v_i 是一个均值为 0、峰值为 5 V、频率为 10 kHz 的方波信号，设置电路参数 $R_1=100$ kΩ，$C_1=100$ nF。且电路参数的设计满足 $\tau=R_1C_1=100$ k$\Omega\times100$ nF$=10^{-2}$s$\gg T/2=5\times10^{-5}$s 条件。

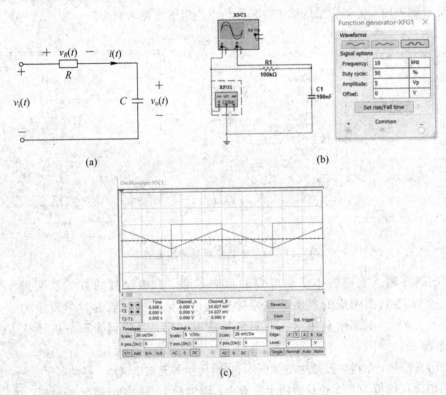

图 6.15　积分电路的仿真实例图

从图 6.15(c)中的仿真结果来看，由于 τ 值较大，电容充放电的速度非常缓慢，在方波的上升沿或下降沿到来时，充放电量非常少，电容电压为近似三角波。

6.4.3　微分电路仿真实例

微分电路是一种能够实现微分运算的功能电路,该电路也具有波形变换的作用。微分电路的原理图如图 6.16(a)所示,根据该电路推导输出电压 $v_o(t)$ 和输入电压 $v_i(t)$ 的关系:

$$v_o(t) = Ri(t) = RC\frac{\mathrm{d}v_C(t)}{\mathrm{d}t} \tag{6.55}$$

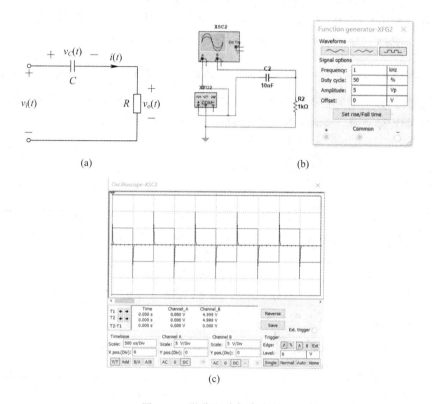

图 6.16　微分电路仿真实例图

当电路参数满足条件 $\tau \ll T/2$ 时,RC 电路充放电非常快,经过 $T/2$ 时间,电容电压 $v_i(t) \approx v_C(t)$,$v_o(t) \approx 0$,故

$$v_o(t) = Ri(t) = RC\frac{\mathrm{d}v_C(t)}{\mathrm{d}t} \approx RC\frac{\mathrm{d}v_i(t)}{\mathrm{d}t} \tag{6.56}$$

创建仿真电路,如图 6.16(b)所示。设置函数信号发生器的输出信号 v_i,它是一个均值为 0,峰值为 5 V,频率为 1 kHz 的方波信号作为电路的输入信号 $v_i(t)$。电路参数的设计满足 $\tau = R_2C_2 = 1\ \mathrm{k}\Omega \times 10\ \mathrm{nF} = 10^{-5}\ \mathrm{s} \ll T/2 = 0.5 \times 10^{-3}\ \mathrm{s}$ 条件。从图 6.16(c)中的仿真结果来看,由于 τ 值较小,电容充放电的速度非常快,在方波的上升沿或下降沿到来时,充放电早已结束,电阻 R 上的输出电压 $v_o(t)$ 为尖脉冲信号。

6.4.4　二阶动态电路仿真实例

二阶动态电路如图 6.17 所示,已知 $C = 1\ \mu\mathrm{F}$,$L = 1\ \mathrm{mH}$,

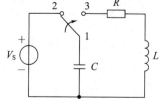

图 6.17　二阶动态电路

V_S＝1 V，当 R 取不同的参数值时，将开关从 2 切换到 3，观察二阶动态电路的零状态响应波形。

（1）创建如图 6.18(a)所示的仿真电路，其中开关存放在 Basic/Switch/Spdt 中。当 R＝10 Ω＜$2\sqrt{\dfrac{L}{C}}$＝63.25 Ω 时，二阶动态电路所对应的微分方程的特征根是一对共轭复数根，其齐次解为幅值按指数衰减的正弦振荡，该响应为欠阻尼响应。

（2）创建如图 6.18(b)所示的仿真电路，当 R＝0 Ω 时，二阶动态电路所对应的微分方程的特征根是共轭虚根，其齐次解呈正弦振荡，该响应为无阻尼响应。

（3）创建如图 6.18(c)所示的仿真电路，当 R＝100 Ω＞$2\sqrt{\dfrac{L}{C}}$＝63.25 Ω 时，二阶动态电路所对应的微分方程的特征根为不相等的负实根，其齐次解为两个指数项的叠加，响应幅值均按指数规律衰减，该响应为过阻尼响应。

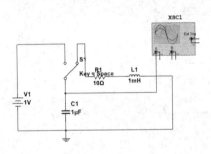 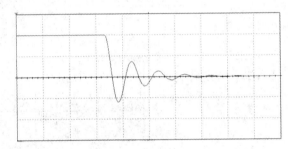

(a) 欠阻尼响应电路和衰减振荡波形

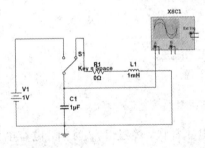 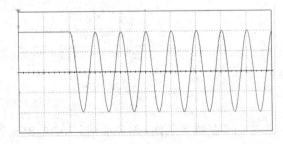

(b) 无阻尼响应电路和周期振荡波形

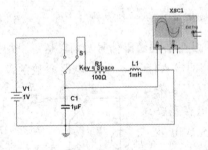 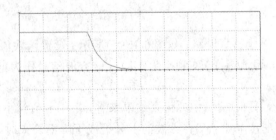

(c) 过阻尼响应电路和周期振荡波形

图 6.18　二阶动态电路的零状态响应波形

第 7 章　正弦稳态电路分析

7.1　学习纲要

7.1.1　思维导图

本章学习的主要内容包括正弦稳态电路的研究基础(正弦交流电、相量、两类约束的相量形式、阻抗和导纳)和正弦稳态电路的分析方法(相量法和相量图法)。图 7.1 所示的思维导图呈现了每个模块的具体架构,以及模块之间的内在联系。通过对本章内容的学习,读

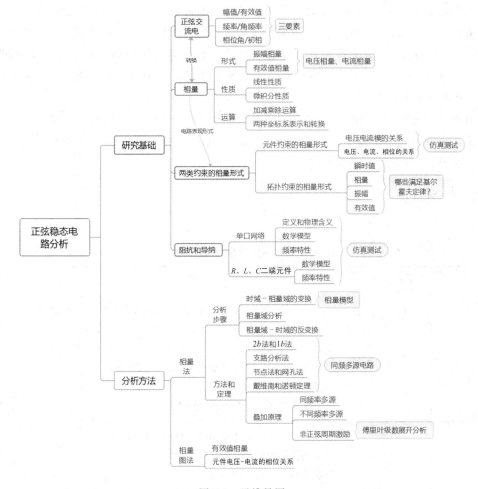

图 7.1　思维导图

者将了解正弦量的相量表示、相量的性质和运算规则，两类约束在相量域中的表现形式、单口网络阻抗与导纳的概念，以及正弦稳态电路的分析方法等内容，为正弦稳态电路的研究奠定理论基础。最后通过仿真实验对正弦交流电激励下的电路响应波形、阻抗元件的频率特性、动态电路的交直流特性进行仿真测试，展示了元件的动态特性，为初学者提供黑箱电路的实验测试方法。

本章与前几章最主要的区别在于电路的激励由直流电改为正弦交流电，研究的是正弦交流电激励下电路的稳态响应。在交流电激励下，由于电路的激励和响应都是正弦量，且动态元件的 VCR 关系是微积分关系，因此如果在时域中进行电路的分析和求解，过程将变得非常烦琐。

线性非时变电路在正弦交流电激励下，通常采用频域分析法进行电路分析。其分析步骤如下：通过傅里叶变换或拉普拉斯变换将常系数微分方程变为频域或复频域中的代数方程，当频域分析结束后，再通过反变换返回到时域。本章提出的相量法是频域分析法的一种特殊情况，而复频域是对频域分析法内容的拓展。本章研究对象为同频多源正弦稳态电路，故采用相量法进行分析。

相量法的应用涉及相量的表示、性质和运算，正弦量和相量之间的转换，相量域中两类约束的表现形式，以及阻抗和导纳等概念，这些内容都是正弦稳态电路分析和研究的基础。在应用相量法时，首先应将正弦稳态电路的时域问题转换为相量域中的电路问题（变换），然后利用前几章学习的电路定理和分析方法在相量域中进行分析和求解，最后经反变换后将相量解转换为时域解。

除相量法之外，相量图法也是正弦稳态电路常用的分析方法。它利用支路电压电流的相位关系绘制出电路中各支路电压或电流的相量图，从相量图中获得各支路电压或电流的大小和幅角，从而确定各支路响应。

7.1.2　学习目标

表 7.1 所示为本章的学习目标。

表 7.1　学习要求和目标

序号	学习要求	学习目标
1	记忆	① 正弦量的三要素，振幅和有效值的关系，频率、周期和角频率的关系； ② 阻抗和导纳的定义，三大基本电路元件的阻抗和导纳形式； ③ 独立源、受控源的相量形式，三大基本电路元件的 VCR 的相量形式，基尔霍夫定律的相量形式； ④ 阻抗元件的串并联等效规律及分压分流公式
2	理解	① 用相量法进行正弦稳态电路分析的原因； ② 正弦量和相量之间的转换方法； ③ 阻抗和导纳的物理含义及转换关系； ④ 单口网络及三种基本电路元件阻抗的频率特性

序号	学习要求	学习目标
3	分析	① 正弦稳态电路的响应分析(各种电路分析方法在相量法中的应用); ② 相量图法在正弦稳态电路中的应用
4	应用	① 能够运用相量、阻抗等基本概念分析和计算正弦交流电激励下的应用电路; ② 能够运用电路元件阻抗的频率特性解释动态元件在电路中的作用

7.2　重点和难点解析

7.2.1　正弦量的相量表示及相量运算

1. 正弦量(时域)和相量(相量域)之间的转换

相量是正弦量在相量域中的变换形式,可以用振幅相量或有效值相量来描述。相量中只包含了正弦量的幅值和初相信息,不包含频率信息,这对正弦稳态电路的分析和求解来说是没有影响的。原因是正弦稳态电路的激励和响应是同频率的正弦量,可以暂且不考虑各正弦量的频率,只关注它们的幅值和初相,待确定这两个要素之后,再完整地写出正弦量的表达式。正弦量和相量之间的转换关系为

$$v(t) = V_m \cos(\omega t + \varphi) \leftrightarrow \dot{V}_m = V_m \angle \varphi \text{ 或 } \dot{V} = V \angle \varphi \tag{7.1}$$

其中,$\dot{V}_m$ 和 $\dot{V}$ 分别是正弦量 $v(t)$ 的振幅相量和有效值相量。正弦量和相量之间的转换需要注意以下几点问题:

(1) 相量只是正弦量的一种变换形式,两者之间不能等同;

(2) 本书及教材中所有正弦量需统一化成余弦量后,再进行相量变换;

(3) 将相量转换为正弦量时,必须已知电源的角频率,还需注意有效值和振幅之间的转换。

2. 相量的运算和基本性质

相量用复数表示,因此相量的运算规则和复数相同。相量有两种坐标形式,即直角坐标和极坐标,两者之间经常需要相互转换。若某电压有效值相量的直角坐标为 $\dot{V} = a + jb$,极坐标为 $\dot{V} = V \angle \varphi$,则直角坐标和极坐标的转换关系为

$$\begin{cases} a = V\cos\varphi \\ b = V\sin\varphi \end{cases} \text{ 或 } \begin{cases} V = \sqrt{a^2 + b^2} \\ \varphi = \arctan\dfrac{b}{a} \end{cases} \tag{7.2}$$

注意:a 和 b 的极性决定了 φ 角的象限,即

$$\begin{cases} a > 0, b > 0: \varphi \text{ 属于第 I 象限} \\ a < 0, b > 0: \varphi \text{ 属于第 II 象限} \\ a < 0, b < 0: \varphi \text{ 属于第 III 象限} \\ a > 0, b < 0: \varphi \text{ 属于第 IV 象限} \end{cases} \tag{7.3}$$

相量的加减乘除运算是相量法应用的基础。若 $\dot{V}_1 = a_1 + jb_1 = V_1 \angle \varphi_1$，$\dot{V}_2 = a_2 + jb_2 = V_2 \angle \varphi_2$，则两个电压相量的运算法则如下：

$$\begin{cases} \dot{V}_1 \pm \dot{V}_2 = (a_1 \pm a_2) + j(b_1 \pm b_2) \\ \dot{V}_1 \cdot \dot{V}_2 = V_1 \cdot V_2 \angle (\varphi_1 + \varphi_2) \\ \dfrac{\dot{V}_1}{\dot{V}_2} = \dfrac{V_1}{V_2} \angle (\varphi_1 - \varphi_2) \end{cases} \tag{7.4}$$

相量的基本性质包括线性性质、微分性质和积分性质。这些性质为正弦稳态电路在相量域中的分析和求解提供了方法。若 $v_1(t) \leftrightarrow \dot{V}_{1m}$，$v_2(t) \leftrightarrow \dot{V}_{2m}$，则相量的三种基本性质分别表示为

$$\begin{cases} \alpha_1 v_1(t) \pm \alpha_2 v_2(t) \leftrightarrow \alpha_1 \dot{V}_{1m} \pm \alpha_2 \dot{V}_{2m} & \text{线性性质} \\ \dfrac{dv_1(t)}{dt} = \dfrac{dV_{1m}\cos(\omega t + \varphi)}{dt} \leftrightarrow j\omega \dot{V}_{1m} & \text{微分性质} \\ \displaystyle\int v_1(t)\,dt = \int V_{1m}\cos(\omega t + \varphi)\,dt \leftrightarrow \dfrac{\dot{V}_{1m}}{j\omega} & \text{积分性质} \end{cases} \tag{7.5}$$

7.2.2　元件约束和基尔霍夫定律的相量形式

相量域中电阻 R、电感 L 和电容 C 的元件约束分别表示为

$$\begin{cases} \dot{V}_m = R\,\dot{I}_m, \ \dot{V} = R\,\dot{I} \\ \dot{V}_m = j\omega L\,\dot{I}_m, \ \dot{V} = j\omega L\,\dot{I} \\ \dot{I}_m = j\omega C\,\dot{V}_m, \ \dot{I} = j\omega C\,\dot{V} \end{cases} \tag{7.6}$$

根据式(7.6)可推导出正弦交流电激励下三大基本电路元件电压和电流的关系以及相位关系：

$$\begin{cases} V_m = RI_m, \ V = RI, \ \varphi_v = \varphi_i \\ V_m = \omega L I_m, \ V = \omega L I, \ \varphi_v = \varphi_i + 90° \\ I_m = \omega C V_m, \ I = \omega C V, \ \varphi_i = \varphi_v + 90° \end{cases} \tag{7.7}$$

相量域中电路的拓扑约束(KVL 和 KCL)分别表示为

$$\begin{cases} \sum \dot{V}_m = 0 \\ \sum \dot{I}_m = 0 \end{cases} \text{或} \begin{cases} \sum \dot{V} = 0 \\ \sum \dot{I} = 0 \end{cases} \tag{7.8}$$

需要强调的是，正弦稳态电路中，满足基尔霍夫定律的是相量和时域中的正弦量，而非有效值和振幅。

7.2.3　阻抗与导纳

阻抗和导纳反映了电路元件对交流电的阻碍作用。对于初学者来讲，阻抗 Z 与电阻 R 的概念很容易混淆，事实上两者的概念不同，但在某些情况下是可以等价的。例如，对于一个纯电阻网络而言，其阻抗 $Z = R + jX$ 中的电抗分量 $X = 0$，故阻抗 $Z =$ 电阻 R，但对于包含动态元件的网络而言，一般情况下 $X \neq 0$。此时阻抗 $Z \neq$ 电阻 R，电阻 R 只是阻抗 Z

的电阻分量，还需要考虑电抗分量 X 对电流的阻碍作用。

单口网络等效阻抗 Z_{eq} 的求解方法和电阻电路中等效电阻 R_{eq} 的求解方法类似。若单口网络中不包含受控源，则采用阻抗串并联的方式进行等效。若包含受控源，则采用外加电源法进行分析。注意外加电源法在应用时，外加的端口电压或端口电流均用相量表示。利用两类约束推导端口电压相量（电流相量）与电流相量（电压相量）的比值关系，即可获得单口网络的等效阻抗 Z_{eq}（或等效导纳 Y_{eq}）。需要注意的是，任意二端元件均为单口网络，可以按此方法推导出 RLC 三大基本电路元件的阻抗和导纳表达式：

$$\begin{cases} Z_R = R \\ Z_L = j\omega L \\ Z_C = \dfrac{1}{j\omega C} \end{cases} \text{或} \begin{cases} Y_R = G \\ Y_L = \dfrac{1}{j\omega L} \\ Y_C = j\omega C \end{cases} \tag{7.9}$$

由于 L 和 C 的阻抗均为频率的函数，因此包含 L 和 C 的网络其阻抗也是频率的函数。当激励频率变化时，网络的等效阻抗及网络性质会随激励频率的变化而变化。阻抗的频率特性是各章研究的基础。

7.2.4 相量法的应用

相量法是一种间接求解正弦稳态电路的方法。其分析步骤如下：

（1）画出时域电路所对应的相量模型（相量模型与时域电路具有相同的拓扑结构；时域电路中的激励或响应，受控源的电压或电流分别用对应的相量表示，RLC 元件的参数用对应的阻抗或导纳表示）。

（2）利用两类约束、支路分析法、节点电压法、网孔电流法、叠加原理或戴维南诺顿定理，在相量域中分析正弦稳态电路，并求出相量解。

（3）通过反变换求电路的时域响应解。

应用相量法时需注意以下几点：

（1）若分析过程采用有效值相量，则反变换时需注意有效值与振幅的转换。

（2）对于多个不同频率激励作用的电路而言，首先画出每个独立源单独作用时的相量模型（注意：不同频率的激励作用时，电路元件的阻抗 Z 是不同的），然后在各自的相量模型中求相量解，并将求得的相量解转换为时域解（注意时域解的频率不同），最后在时域中进行相应分量的叠加。

7.2.5 相量图法的应用

运用三大基本电路元件在正弦交流电激励下电压、电流的相位关系，以及基尔霍夫定律的相量形式，结合相量图的画法进行相量图的绘制。相量图反映了电路中各支路电压电流的相位关系和模的关系，形象直观，易于理解，是正弦稳态电路常用的电路分析方法。

7.3 典型例题分析

【例 7.1】 已知电路如图 7.2(a)所示，求单口网络在 $\omega = 4\text{rad/s}$ 时的等效阻抗 Z_{eq} 和等效导纳 Y_{eq}，并求该频率下的串并联等效电路。

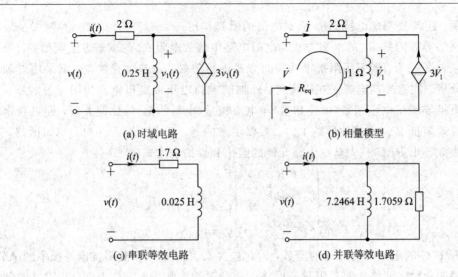

图 7.2　例 7.1 的电路图

题意分析：

这是一个正弦稳态电路，首先画出时域电路所对应的相量模型。相量模型和时域电路具有相同的拓扑结构，其中激励和响应均用相量表示，元件参数均用阻抗或导纳表示，$\omega = 4$ rad/s 时对应的相量模型如图 7.2(b) 所示。选取如图 7.2(b) 所示的回路方向以及电感元件上方节点，分别列写 KVL 和 KCL 方程：

$$\begin{cases} -\dot{V} + 2\dot{I} + \dot{V}_1 = 0 \\ \dot{I} - \dfrac{\dot{V}_1}{\mathrm{j}1} + 3\dot{V} = 0 \end{cases} \tag{7.10}$$

根据单口网络等效阻抗的定义，由式(7.10)推得

$$Z_{\mathrm{eq}} = \frac{\dot{V}}{\dot{I}} = 1.7 + \mathrm{j}0.1 = R + \mathrm{j}X \tag{7.11}$$

由于 Z_{eq} 的电抗分量 $X = 0.1 > 0$，故在 $\omega = 4$ rad/s 时单口网络的等效阻抗呈感性，可等效为电阻和电感的串联支路。其中，电路参数为：$R = 1.7$ Ω；因 $\mathrm{j}\omega L = \mathrm{j}0.1$，故 $L = 0.025$ H。单口网络在 $\omega = 4$ rad/s 时的 RL 串联等效电路如图 7.2(c) 所示。

并联等效电路分析的关键在于对单口网络等效导纳 Y_{eq} 的求解。图 7.2(b) 中单口网络的等效导纳 Y_{eq} 表示为

$$Y_{\mathrm{eq}} = \frac{1}{Z_{\mathrm{eq}}} = \frac{1}{1.7 + \mathrm{j}0.1} = 0.5862 - \mathrm{j}0.0345 = G + \mathrm{j}B \tag{7.12}$$

因此，在 $\omega = 4$ rad/s 时，单口网络可等效为电阻和电感的并联支路，如图 7.2(d) 所示。其中，电路参数为：因 $G = 0.5862$ S，故 $R = \dfrac{1}{G} = 1.7059$ Ω；因 $B = \dfrac{1}{\mathrm{j}\omega L} = -\mathrm{j}0.0345$，故 $L = 7.2464$ H。

由例 7.1 可知，求解无源单口网络串并联等效电路的关键在于对单口网络等效阻抗 Z_{eq} 或等效导纳 Y_{eq} 的求解。根据等效阻抗或等效导纳的表达式可确定单口网络的最简电路形式及电路参数。

【例 7.2】 在图 7.3(a)所示的电路中，$v_S=2\cos(2t)\mathrm{V}$，$i_S=2\sqrt{2}\cos(2t+30°)\mathrm{A}$，$R=2\ \Omega$，$C=\dfrac{1}{8}\mathrm{F}$，$L=3\ \mathrm{H}$，求电流 $i(t)$。

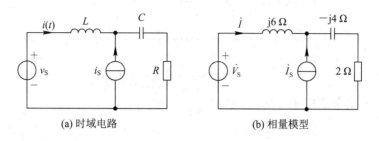

图 7.3 例 7.2 的电路图

题意分析：

首先画出图 7.3(a)所示时域电路所对应的相量模型，如图 7.3(b)所示。图中 RLC 元件均用阻抗表示，其中 $Z_R=R=2\ \Omega$，$Z_L=\mathrm{j}\omega L=\mathrm{j}6\ \Omega$ 和 $Z_C=1/(\mathrm{j}\omega C)=-\mathrm{j}4\ \Omega$。各激励对应的有效值相量分别表示为

$$\begin{cases} v_S=2\cos(2t)\mathrm{V}\leftrightarrow \dot{V}_S=\sqrt{2}\angle 0°\mathrm{V}\\ i_S=2\sqrt{2}\cos(2t+30°)\mathrm{A}\leftrightarrow \dot{I}_S=2\angle 30°\mathrm{A} \end{cases} \tag{7.13}$$

本例分别采用单口网络化简、节点电压法和叠加原理对电流相量 $\dot{I}$ 进行分析。

方法一：利用单口网络化简分析

图 7.3(b)中的电容与电阻的串联支路可等效为一个阻抗元件 Z_1，其等效阻抗为 $(2-\mathrm{j}4)\Omega$。阻抗元件 Z_1 与电流源 $\dot{I}_S$ 的并联支路可以等效为阻抗元件 Z_2 和电压源的串联支路。其中，$Z_2=(2-\mathrm{j}4)\Omega$，电压源的电压相量为 $Z_2\dot{I}_S=8.944\angle(-33.43°)\mathrm{V}$，化简过程如图 7.4 所示。原电路被化简为单回路结构，分析回路电流 $\dot{I}$，可得

$$\dot{I}=\frac{\sqrt{2}\angle 0°-8.944\angle(-33.43°)}{\mathrm{j}6+2-\mathrm{j}4}=\frac{7.803\angle 140.84°\mathrm{V}}{\mathrm{j}2+2}=2.759\angle 95.8°\mathrm{A} \tag{7.14}$$

上述分析结果为有效值相量，经反变换可得

$$i(t)=2.759\sqrt{2}\cos(2t+95.8°)\mathrm{A} \tag{7.15}$$

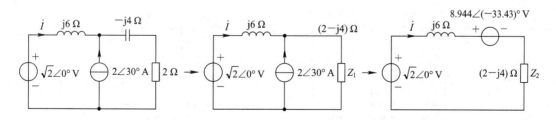

图 7.4 通过单口网络化简求解例 7.2

方法二：利用节点电压法分析

设置图 7.3(b)所示电路的参考点以及各独立节点，如图 7.5 所示。

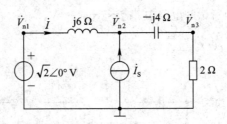

图 7.5　采用节点电压法求解例 7.2

列写各节点的节点电压方程：

$$\begin{cases} \dot{V}_{n1} = \sqrt{2} \angle 0^\circ \\ -\dfrac{1}{j6}\dot{V}_{n1} + \left(\dfrac{1}{j6} + \dfrac{1}{-j4}\right)\dot{V}_{n2} - \dfrac{1}{-j4}\dot{V}_{n3} = 2\angle 30^\circ \\ -\dfrac{1}{-j4}\dot{V}_{n2} + \left(\dfrac{1}{-j4} + \dfrac{1}{2}\right)\dot{V}_{n3} = 0 \end{cases} \tag{7.16}$$

应用节点电压法在相量域中分析时需注意以下变化：“自电阻”→“自阻抗”，“互电阻”→“互阻抗”，等号右侧“电源电压升的代数和”→“电源电压相量升的代数和”。解得

$$\dot{V}_{n1} = \sqrt{2} \angle 0^\circ \text{V}$$

$$\dot{V}_{n2} = 17.881 + j1.683 = 17.960 \angle 5.4^\circ \text{V}$$

$$\dot{V}_{n3} = 2.903 + j7.490 = 8.032 \angle 68.8^\circ \text{V}$$

用节点电压表示支路电流，可得

$$\dot{I} = \frac{\dot{V}_{n1} - \dot{V}_{n2}}{j6} = \frac{\sqrt{2} \angle 0^\circ - (17.881 + j1.683)}{j6}$$

$$= -0.280 + j2.745 = 2.759 \angle 95.8^\circ \text{A} \tag{7.17}$$

经反变换可得

$$i(t) = 2.759\sqrt{2}\cos(2t + 95.8^\circ)\text{A} \tag{7.18}$$

方法三：利用叠加原理分析

由于 v_s 和 i_s 是同频率的激励，因此可以在相量域中进行叠加。画出电压源 $\dot{V}_s$ 和电流源 $\dot{I}_s$ 单独作用时的电路分解图，如图 7.6(a) 和 (b) 所示。

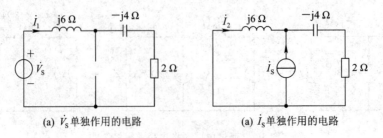

(a) $\dot{V}_s$ 单独作用的电路　　　　　　(a) $\dot{I}_s$ 单独作用的电路

图 7.6　叠加原理求解例 7.2

(1) 电压源 $\dot{V}_s$ 单独作用时的电路如图 7.6(a) 所示，此时电流源 $\dot{I}_s$ 开路处理。

$$\dot{I}_1 = \frac{\dot{V}_s}{j6-j4+2} = \frac{\sqrt{2}\angle 0°}{2+j2} = (0.354-j0.354)\,A \tag{7.19}$$

（2）电流源 $\dot{I}_s$ 单独作用时的电路如图 7.6(b) 所示，此时电压源 $\dot{V}_s$ 短路处理。运用分流公式，可得

$$\dot{I}_2 = \frac{-j4+2}{j6-j4+2}(-\dot{I}_s) = \frac{2-j4}{2+j2} \times (-2\angle 30°)$$
$$= (-0.634+j3.098)\,A \tag{7.20}$$

利用叠加原理，可得

$$\dot{I} = \dot{I}_1 + \dot{I}_2 = -0.280+j2.744 = 2.759\angle 95.8°\,A \tag{7.21}$$

经反变换，可得

$$i(t) = 2.759\sqrt{2}\cos(2t+95.8°)\,A \tag{7.22}$$

【例 7.3】 已知电路如图 7.3(a) 所示，已知 $v_s = 2\cos(2t)\,V$，$i_s = 2\sqrt{2}\cos(4t+30°)\,A$，$R=2\,\Omega$，$C=\frac{1}{8}\,F$，$L=3\,H$，求电流 $i(t)$。

题意分析：

本例题与例 7.2 的区别在于：例 7.2 中两个独立源的频率相同，而本例中两个独立源的频率不同。当多个不同频率的正弦激励同时作用于电路时，单口网络化简法、2b 法、1b 法、节点电压法、网孔电流法或戴维南等效、诺顿等效等分析方法在所有激励同时作用下的相量模型中不再适用。原因是电路中动态元件的阻抗大小和频率有关，不同频率多源电路中无法确定该元件所对应的阻抗值，因此这类电路只能采用叠加原理进行分析。在应用叠加原理时，每个激励单独作用的电路可以采用相量法进行分析，但是其相量解不能在相量域中进行叠加，必须通过反变换得到时域解之后再在时域中进行叠加。

（1）讨论 v_s 单独作用时的电路响应。由于 v_s 的频率 $\omega=2$ rad/s，故其单独作用时的相量模型如图 7.7(a) 所示。注意此时 $j\omega L = j6\,\Omega$，$1/(j\omega C) = -j4\,\Omega$。对图 7.7(a) 分析，可得

$$\dot{I}_1 = \frac{\dot{V}_s}{j6-j4+2} = \frac{\sqrt{2}\angle 0°}{2+j2}$$
$$= 0.354-j0.354 = 0.5\angle(-45°)\,A \tag{7.23}$$

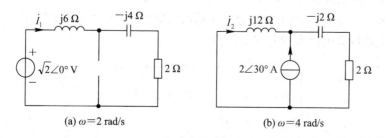

图 7.7   例 7.3 的电路图

经反变换可得

$$i_1(t) = 0.5\sqrt{2}\cos(2t - 45°)\text{A} \tag{7.24}$$

(2)讨论 i_S 单独作用时的电路响应。由于 i_S 的频率 $\omega = 4$ rad/s，因此其单独作用时的相量模型如图 7.7(b)所示。注意此时 $j\omega L = j12\ \Omega$，$1/(j\omega C) = -j2\ \Omega$。图 7.7(b)中，利用分流公式可得

$$\dot{I}_2 = \frac{-j2+2}{j12-j2+2}(-\dot{I}_S)$$

$$= \frac{2-j2}{2+j10} \times (-2\angle30°) = 0.555\angle86.3°\text{A} \tag{7.25}$$

经反变换可得

$$i_2(t) = 0.555\sqrt{2}\cos(4t + 86.3°)\text{A} \tag{7.26}$$

最后，在时域中进行叠加，可得

$$i(t) = i_1(t) + i_2(t)$$

$$= [0.5\sqrt{2}\cos(2t-45°) + 0.555\sqrt{2}\cos(4t+86.3°)]\text{A} \tag{7.27}$$

【例 7.4】 电路如图 7.8 所示，列写网孔电流方程和附加方程。

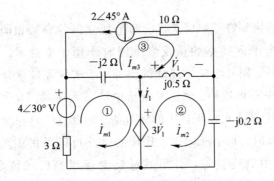

图 7.8　例 7.4 的电路图

题意分析：

图 7.8 是相量模型，无须通过变换就可以在相量域中直接进行分析求解。该电路共有 3 个网孔，每个网孔电流的参考方向如图所示。标准方程和附加方程的列写在相量域和时域中的区别在于：所有网孔电流、电压源(受控电压源)的电压、电流源(受控电流源)的电流均用相量表示，自电阻和互电阻分别用自阻抗和互阻抗表示，等号右侧"流入节点的电源电流的代数和"→"流入节点的电源电流相量的代数和"，其余列写规则保持不变。

三个网孔的网孔电流方程分别表示为

$$\begin{cases} (3-j2)\dot{I}_{m1} - (-j2)\dot{I}_{m3} = 4\angle30° - 3\dot{V}_1 \\ (j0.5-j0.2)\dot{I}_{m2} - j0.5\dot{I}_{m3} = 3\dot{V}_1 \\ \dot{I}_{m3} = -2\angle45° \end{cases} \tag{7.28}$$

注意受控源在网孔电流法应用时，需要将其作为独立源来处理，即标准方程等号的右边需考虑受控源的电压大小。注意到网孔③的边界有个电流源，该情况下，无须按照标准

方程的列写规则进行网孔电流方程的列写。在图 7.8 所示的相量模型中有一个受控源，需要为其列写附加方程。该方程为网孔电流和控制变量之间的关系如下：

$$\dot{V}_1 = j0.5(\dot{I}_{m2} - \dot{I}_{m3}) \tag{7.29}$$

【例 7.5】　计算图 7.9(a) 和 7.9(b) 中各交流电表的示数。

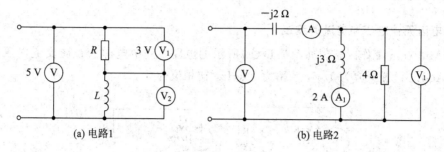

(a) 电路1　　　　　　　　　　(b) 电路2

图 7.9　例 7.5 的电路图

题意分析：

图 7.9(a) 所示电路 1 是一个 RL 串联电路，且 R 和 L 的参数值未知。图中各个电表为交流电压表，其读数为各支路电压的有效值，本例采用相量图法分析该电路。将串联电路的电流相量 $\dot{I}$ 作为参考相量(初相为 $0°$)。由于电阻的电压相量 $\dot{V}_1$ 和电流相量 $\dot{I}$ 同相，电感的电压 $\dot{V}_2$ 相量超前电流相量 $\dot{I}$ $90°$，在相量图中画出 $\dot{V}_1$ 和 $\dot{V}_2$ 相量。又因 $\dot{V} = \dot{V}_1 + \dot{V}_2$，故 $\dot{V}$ 相量为 $\dot{V}_1$ 和 $\dot{V}_2$ 相量矢量之和(即平行四边形的对角线)。电路中各支路电压和电流相量如图 7.10(b) 所示。由直角三角形的边角关系可得表 V_2 的示数为 $\sqrt{5^2 - 3^2} = 4$ V。

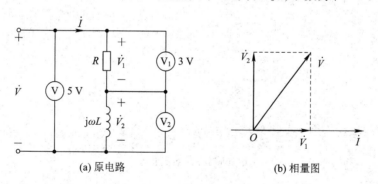

(a) 原电路　　　　　　　　　(b) 相量图

图 7.10　例 7.5 图 7.9(a) 电路的相量图法求解

图 7.9(b) 所示电路 2 的结构是：R 和 L 并联再与 C 串联。利用单口网络电压、电流的有效值和阻抗的模三者之间的关系(即 $V = |Z| I$)，分析计算如图 7.9(b) 所示电路中各支路电压电流的有效值。

$$\begin{cases} V_1 = |j3| \times 2 = 6 \text{ V} \\ I_C = \dfrac{V_1}{|j3 /\!/ 4|} = 2.5 \text{ A} \\ V = |-j2 + 4 /\!/ j3| \times 2.5 = 3.606 \text{ V} \end{cases} \tag{7.30}$$

电压表 V_1 的读数为 6 V，电流表 A 的读数为 2.5 A，电压表 V 的读数为 3.606 V。

7.4　仿　真　实　例

7.4.1　交流电激励下 *RLC* 元件的电压电流波形测试

1. 电阻元件电压和电流的测试

在 Multisim 工作区绘制如图 7.11(a)所示的电路，其中电源为正弦交流电压源 AC_VOLTAGE，设置振幅为 1 V，频率为 1 kHz，初相位为 0°。

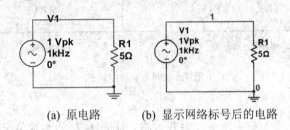

(a) 原电路　　　　(b) 显示网络标号后的电路

(c) 网络标号设置面板

图 7.11　正弦交流电激励下电阻电压电流的测试电路

在工作区空白处单击鼠标右键，选择菜单中的"Properties"选项，弹出如图 7.11(c)所示"Sheet Properties"对话框，选择"Net names"中的"Show all"，点击"OK"按钮，使电路图显示所有节点名称，如图 7.11(b)所示。本例中设置显示网络标号的目的在于后续进行瞬态分析时需要对待分析的电路变量进行输出。

表格属性中除了可以设置表格可视化外，还可以对表格颜色、工作区域、导线、字体、PCB 等根据需求进行设置。

选择菜单"Simulate/Analyses and Simulation"，弹出如图 7.12 所示的对话框。点击"Transient"(瞬态分析)，在"Analysis parameters"选项卡中分别设置"Start time"(开始时

间）、"End time"（结束时间）和"Maximum time step"（最大时间步长），如图 7.12 所示。

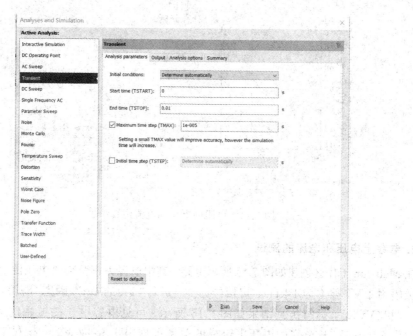

图 7.12　Analyses and Simulation

在图 7.13 的"Output"选项卡中，将"I(R1)"和"V(1)"选中，并添加至"Selected variables for analysis"框中，点击"Run"按钮，获得如图 7.14 所示的仿真结果。由图 7.14 可知，电阻电压的振幅约为 1 V，电阻电流的振幅约为 200 mV，符合欧姆定律。观察到电阻的电压和电流是同相的，周期均为 1 ms（即频率为 1 kHz）。

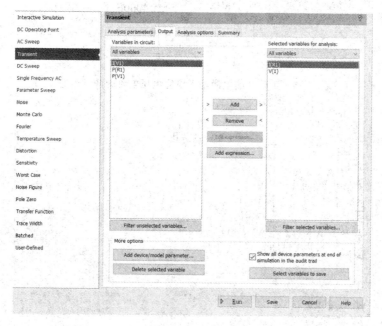

图 7.13　Output 选项卡

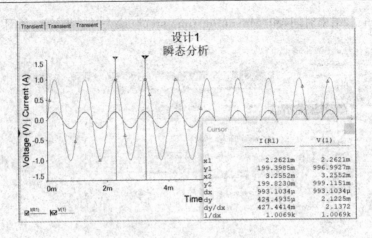

图 7.14　电阻的电压和电流仿真结果

2. 电容上电压和电流的测试

在 Multisim 工作区创建如图 7.15 所示电路，其中电源为正弦交流电压源 AC_VOLTAGE，设置振幅为 1 V，频率为 1 kHz，初相位为 0°。进行"Transient"（瞬态分析），选择输出变量"I(C1)"和"V(2)"，运行仿真结果如图 7.16 所示，可见电容电压的振幅约为 1 V，而电流振幅约为 628 mV。从电容的电压电流模的关系可推得 $I_m = \omega C V_m = 2\pi f C V_m = 2\pi \times 10^3 \times 100 \times 10^{-6} \times 1 = 0.628$ V，理论分析和实测结果一致。从图 7.16 观察到电容上的电流超前电压 262 μs，即 262 μs/1 ms$\times 360° \approx 90°$。

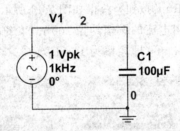

图 7.15　正弦交流电激励下电容电压电流的测试电路

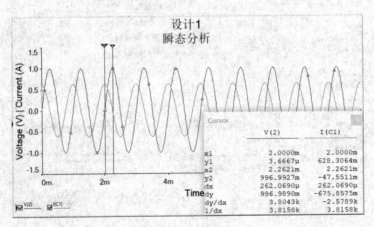

图 7.16　电容的电压和电流仿真结果

3. 电感上电压和电流的测试

在 Multisim 工作区创建如图 7.17 所示的电路,再进行"Transient"(瞬态分析),其中电源为正弦交流电流源,设置振幅为 1 A,频率为 1 kHz,初相位为 0°。选择输出变量"I(L1)"和"V(2)",仿真结果如图 7.18 所示。可见电感电流幅度约为 1 V,而电压幅度约为 3.14 V。从电感电压电流模的关系推得:$V_m = \omega L I_m = 2\pi f L I_m = 2\pi \times 10^3 \times 0.5 \times 10^{-3} \times 1 = 3.14$ V,理论分析和实测结果一致。从图 7.18 观察到电感上的电压超前电流 259 μs,即 259 μs/1 ms×360°≈90°。

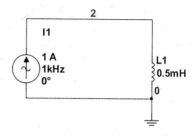

图 7.17　正弦交流电激励下电感电压电流的测试电路

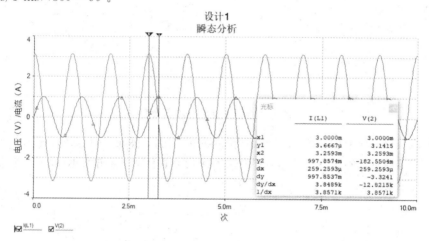

图 7.18　电感的电压和电流仿真结果

7.4.2　不同频率下 RC 网络的阻抗特性测试

在 Multisim 工作区创建如图 7.19 所示电路,并设置相应的电路参数,独立电源选择正弦交流电压源 AC_VOLTAGE。

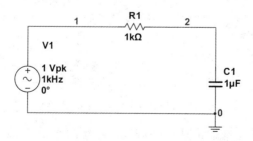

图 7.19　RC 网络阻抗特性测试仿真电路

选择菜单"Simulate/Analyses and Simulation/AC Sweep",弹出"AC Sweep"(交流分析)对话框。在"Frequency parameters"选项卡中设置"Start frequency"(起始频率)、"Stop frequency"(停止频率)、"Sweep type"(扫描类型)、"Number of points per decade"(采样点数)和"Vertical scale"(垂直刻度)等参数,如图 7.20 所示。

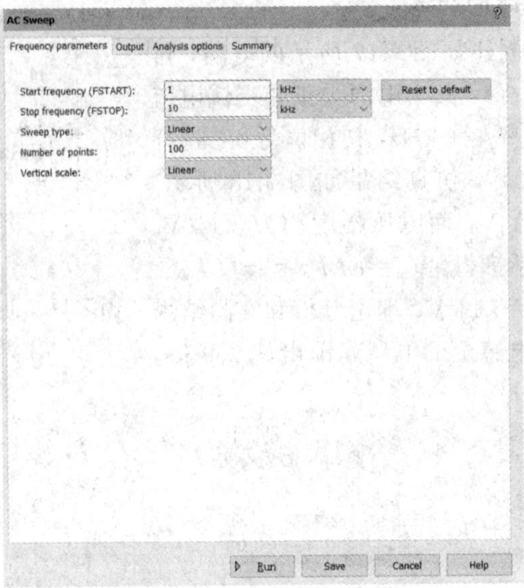

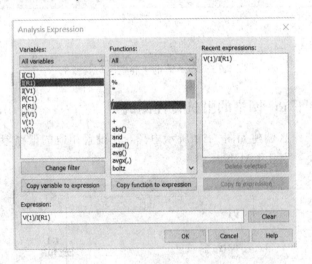

图 7.20　频率参数选项卡设置

在"Output"选项卡中,点击"Add expression"按钮,弹出如图 7.21 所示的"Analysis Expression"对话框,并在"Expression"中输入 V(1)/I(R1),点击"OK"按钮,将表达式添加到"Selected variables for analysis"框中。

图 7.21　Analysis Expression 对话框

点击"Run"按钮,仿真结果如图 7.22 所示,其中 7.22(a)为 RC 单口网络在不同频率下的阻抗模,7.22(b)为 RC 单口网络在不同频率下的阻抗角。

由图 7.22(a)和(b)可知,RC 串联电路的阻抗模的大小随信号频率的增大而衰减,其相位角随着信号频率的增大而趋于 0°。究其原因是:当频率 f ↑时,电容的阻抗 $1/(j\omega C)$ ↓,故电容对 RC 电路阻抗的影响变小,使得电路性能在频率 f 增大时,趋于纯电阻特性。

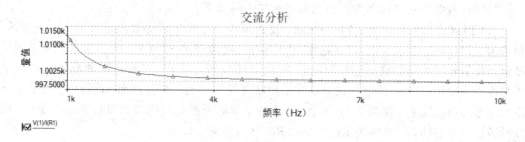

(a) 阻抗模的频率特性曲线

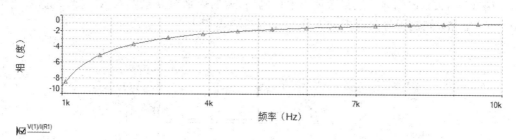

(b) 阻抗角的频率特性曲线

图 7.22　RC 电路的频率特性曲线

7.4.3　"黑箱"模块的内部电路结构和参数测试

已知"黑箱"(单口网络 N_0)的内部电路结构可能是：RL 串联结构、RL 并联结构、RC 串联结构或 RC 并联结构。通过仿真实验，判断单口网络 N_0 内部的电路结构(见图 7.23)及参数。已知电阻 $R_2 = R_3 = 1\ k\Omega$，建议使用 Multisim 仿真软件中的虚拟仿真仪器进行电路测试。

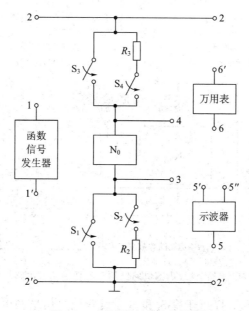

图 7.23　"黑箱"实验结构框图

　　"黑箱"内部电路结构和参数的判断方法与步骤如下：

　　(1) 创建仿真电路如图 7.24(a) 所示。设置函数信号发生器的输出信号类型为正弦波，频率为 1 kHz，振幅为 1 V。将其施加在22′端钮。接通开关 S_2 和 S_3，用示波器 XSC1 双踪显示函数信号发生器的输出电压和电阻 R_2 的电压波形。由于正弦交流电激励下，R_2 的电压与电流同相位，故 R_2 的电压波形反映了串联支路中电流的相位情况。运行仿真按钮，获得示波器的仿真结果，如图 7.24(b) 所示。可见，串联电路的电流波形超前于电压波形，故该网络性质为容性，可判断为 RC 串联或 RC 并联电路。

　　(2) 断开所有开关，将万用表并接在 34 端口，测量单口网络 N_0 端口的等效电阻值，仿真电路如图 7.24(c) 所示。结果表明，单口网络 N_0 的内部电路结构为 RC 并联电路(若为 RC 串联电路，则测得等效电阻为无穷大)，且等效电阻 $R_1 = 10$ kΩ。

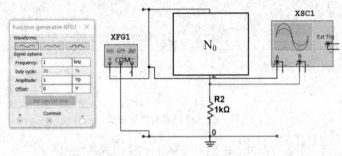

(a) 单口网络N_0的网络性质判断

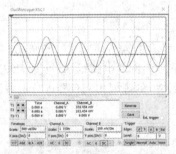

(b) 串联支路中端电压和端电流的相位差测试

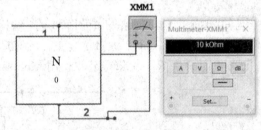

(c) N_0端口的等效电阻值测试

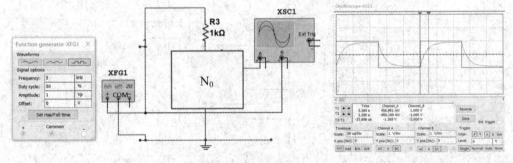

(d) RC电路的参数测定电路与充放电波形

图 7.24　判断"黑箱"模块内部电路结构和参数的仿真电路、数据和波形

　　(3) 闭合开关 S_1 和 S_4，打开开关 S_2 和 S_3。设置函数信号发生器的输出信号类型为方波，频率为 5 kHz，振幅为 1 V。将其施加在22′端钮。用示波器 XSC1 双踪显示函数信号发

生器的输出电压波形和单口网络 N_0 的端电压波形(节点 4)。运行仿真按钮,获得示波器的仿真结果,如图 7.24(d)所示。将光标与充放电波形相交于 500 mV 处,测得充电时间 $\Delta t =$ 25.806 μs,根据第 6 章仿真实例 6.1 中的时间常数的测量方法,可以计算该电路的时间常数为 $\tau = 0.6931 \Delta t = 17.886$ μs。

由步骤(2)判定的结果可知,N_0 是一个 RC 并联电路,它与 R_3 电阻的串联支路的时间常数 τ 的理论值为 $\tau = (R_1 /\!/ R_3)C_1$。又因 $R_1 = 10$ kΩ, $R_3 = 1$ kΩ,故 $C_1 = 19.67$ nF。"黑箱子" N_0 中实际待测支路为 10 kΩ 电阻和 20 nF 电容的并联支路,故测试结果和实际情况基本一致。

第 8 章　正弦稳态电路的功率

8.1　学 习 纲 要

8.1.1　思维导图

　　本章从功率的分类、定义和物理含义,功率三角形,动态元件的储能,功率因数,最大功率传递定理几个方面对正弦稳态电路的功率进行详细描述,其思维导图如图 8.1 所示。通过学习,读者可明确各种功率的概念和内在联系;掌握提高感性负载功率因数的方法和补偿前后的电路分析方法;根据电源性质和负载性质,讨论负载获得最大功率的条件以及获得的最大功率值问题。最后通过对感性负载的仿真测试,可直观地了解三种补偿方式下,感性负载的功率因数、有功功率、网络性质等变化规律。

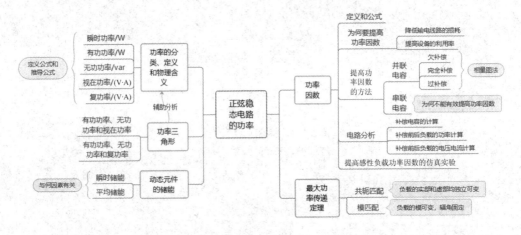

图 8.1　思维导图

8.1.2　学习目标

　　表 8.1 所示为本章的学习目标。

表 8.1　学习目标

序号	学习要求	学 习 目 标
1	记忆	① 有功功率、无功功率、复功率的推导公式; ② 功率因数的定义公式; ③ 功率因数补偿电容的容值计算公式; ④ 功率三角形关系

序号	学习要求	学 习 目 标
2	理解	① 单口网络瞬时功率、有功功率、无功功率的物理含义； ② 为何要提高感性负载的功率因数； ③ 如何提高感性负载的功率因数
3	分析	① 结合电路分析方法对正弦稳态电路的各种功率和储能进行分析和求解； ② 感性负载中补偿电容的容值大小的计算，补偿前后正弦稳态电路响应和功率的分析和求解； ③ 正弦稳态电路中，讨论负载阻抗分别为纯电阻或阻抗元件时获得最大功率的条件以及获得的最大功率值
4	应用	利用理论知识解释日光灯电路的工作原理，以及功率因数的补偿办法

8.2　重点和难点解析

　　直流电路中讨论的功率和储能均指瞬时功率和瞬时储能。对于一个无源线性单口网络（后面简称为单口网络）而言，其瞬时功率或瞬时储能只和当前时刻的端口电压 $v(t)$ 或端口电流 $i(t)$ 值有关，故它们是时间 t 的函数，用 $p(t)$ 和 $w(t)$ 表示。

　　在正弦稳态电路中，功率和储能的概念相对要复杂，除了瞬时功率和瞬时储能外，还包括有功功率、无功功率、视在功率、功率因数、复功率和平均储能等概念。在如图 8.2 所示的无源线性单口网络 N_0 中，假设其端电压和端电流分别为 $v(t)$ 和 $i(t)$，且 $v(t)$ 和 $i(t)$ 均为正弦交流电。假设 V 和 I 分别是单口网络 N_0 端口电压和电流的有效值，Z_{eq} 和 Y_{eq} 分别是单口网络 N_0 端口的等效阻抗和等效导纳。下面以单口网络 N_0 为研究对象，解释单口网络的各种功率和储能的概念及物理含义。

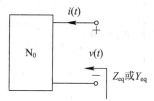

图 8.2　无源线性单口网络

1. 瞬时功率和瞬时储能

瞬时功率和瞬时储能的概念如表 8.2 所示。

表 8.2　瞬时功率和瞬时储能的概念

名称	定义	定义公式 及推导公式	单位	物理含义
瞬时功率	端口电压 $v(t)$ 和 $i(t)$ 的乘积	$p(t) = \pm v(t) \times i(t)$ 关联/非关联	瓦特(W)	瞬时功率反映每一时刻单口网络端口的功率大小和极性，可以据此判断单口网络在当前时刻是吸收功率还是对外提供功率

名称	定义	定义公式 及推导公式	单位	物理含义
瞬时储能(主要针对储能元件 C 或 L)	瞬时功率 $p(t)$ 在一个周期内积分求平均值的结果	$w_C(t)=\dfrac{1}{2}Cv_C^2(t)$ $w_L(t)=\dfrac{1}{2}Li_L^2(t)$	焦耳(J)	瞬时储能反映每一时刻二端元件的储能大小

2. 有功功率、无功功率和平均储能

有功功率、无功功率和平均储能的概念如表 8.3 所示。

表 8.3　有功功率、无功功率和平均储能的概念

名称	定义	定义公式 及推导公式	单位	物理含义
有功功率(平均功率)	瞬时功率 $p(t)$ 在一个周期内积分求平均值的结果	$P=VI\cos\varphi$ $=V^2\,\mathrm{Re}Y$ $=I^2\,\mathrm{Re}Z$	瓦特(W)	单口网络的有功功率等于网络内所有电阻元件消耗的有功功率之和
无功功率	根据瞬时功率无功分量的振幅进行定义	$Q=VI\sin\varphi$ $=V^2\,\mathrm{Im}Y$ $=I^2\,\mathrm{Im}Z$	乏(var)	无功功率反映单口网络与外电路之间能量交换的程度,是正弦稳态电路建立与交换电场和磁场能量过程中不可或缺的物理量。单口网络的无功功率等于网络中所有电抗元件产生的无功功率之和
平均储能	瞬时储能 $w(t)$ 在一个周期内积分求平均值	$W_C=\dfrac{1}{2}CV_C^2$ $W_L=\dfrac{1}{2}LI_L^2$	焦耳(J)	平均储能反映一个信号周期内单口网络的储能平均值(针对二端储能元件)

3. 复功率

复功率的概念如表 8.4 所示。

表 8.4　复功率的概念

名称	定义	定义公式 及推导公式	单位	物理含义
复功率	定义为复数,实部是有功功率,虚部是无功功率	$\tilde{S}=P+jQ$ $=\dot{V}\dot{I}^*$	伏安(V·A)	引入复功率是为了进行辅助计算

4. 视在功率和功率因数

视在功率和功率因数如表 8.5 所示。

表 8.5　视在功率和功率因数的概念

名称	定义	定义公式 及推导公式	单位	物理含义
视在功率	端口电压和电流有效值的乘积	$S=VI$	伏安（V·A）	视在功率反映了单口网络所能提供的最大有功功率，体现了设备的容量
功率因数	有功功率和视在功率之比	$\lambda=\dfrac{P}{S}=\cos\varphi$ $\lambda\in[0,1]$	无量纲	功率因数体现了相同设备容量下，单口网络传递有功功率能力的大小

1) 功率三角形

根据复功率的定义 $\tilde{S}=P+\mathrm{j}Q$ 可知，复功率的实部有功功率 P、虚部无功功率 Q 和复功率 $\tilde{S}$ 三者所对应的相量满足直角三角形关系，该关系被称为功率三角形。又因复功率的模（即视在功率）$|\tilde{S}|=S$，故从边角关系来看，视在功率 S、有功功率 P 和无功功率 Q 三者之间也满足功率三角形关系。两个功率三角形的边角关系可以表示为

$$\begin{cases} |\tilde{S}|=\sqrt{P^2+Q^2}\,,\ |\tilde{S}|\cos\varphi=P\,,\ |\tilde{S}|\sin\varphi=Q\,,\ \tan\varphi=\dfrac{Q}{P} \\[2mm] S=\sqrt{P^2+Q^2}\,,\ S\cos\varphi=P\,,\ S\sin\varphi=Q\,,\ \tan\varphi=\dfrac{Q}{P} \end{cases} \tag{8.1}$$

其中，式（8.1）中的 φ 有多层物理含义，它代表单口网络端口电压与电流的相位差，代表单口网络等效阻抗的阻抗角，还代表单口网络的功率因数角。这两个功率三角形在正弦稳态电路响应和功率求解过程中可以起到辅助计算的作用。

2) 单口网络功率因数的提高

提高感性负载的功率因数不仅能够减小输电线路的损耗，还可以提高电源设备的利用率。因此，功率因数是感性负载在功率传输方面的重要指标。

感性负载指的是性质介于纯电阻和纯电感之间的负载，可以用电阻 R 和电感 L 的串联支路作为其等效电路模型。通过对该电路相量图（见图 8.3）的描述可知，在串联电路总电压不变的情况下，通过并联电容的方式可提高感性负载的功率因数。

从相量图中可以发现，随着补偿电容 C 值的增大，单口网络的功率因数将先增大后减小，依次出现了欠补偿、完全补偿和过补偿三种情况。相应地，网络性质也经历了感性→纯电阻性→容性的变化过程。根据相量图，可以分析获得补偿电容容值 C 的计算公式：

$$C=\frac{P(\tan\varphi_1-\tan\varphi_2)}{\omega V^2} \tag{8.2}$$

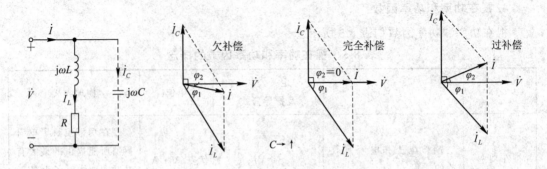

图 8.3 功率因数的补偿相量图

其中，φ_1 和 φ_2 分别代表补偿前后负载的功率因数角。经电容补偿后，若负载的功率因数提高了，则负载的有功功率 P 不变，无功功率 Q 减小，端电流 I 的有效值减小，网络性质将分别为感性(若端电压超前端电流)、纯电阻性(若端电流和端电压同相)和容性(若端电流超前端电压)。

5. 最大功率传递定理

直流电路最大功率传递定理描述为：一个给定的含源线性单口网络，当负载电阻 $R_L = R_0$ (单口网络等效电阻)时，负载将获得最大直流功率。交流电路的最大功率传递定理的描述要相对复杂一些。由于负载 $Z_L = R_L + jX_L = |Z_L| \angle \varphi_Z$ 是阻抗元件，因此需要分两种情况进行讨论。

(1) 当负载实部 R_L 和虚部 X_L 均独立可变时，需满足**共轭匹配**条件($Z_L = Z_0^*$，其中 Z_0 为与单口网络相连的单口网络的等效阻抗)时，负载才能获得最大功率。

(2) 当负载的模 $|Z_L|$ 可变，辐角 φ_Z 固定(为纯电阻性负载)时，需满足**模匹配**条件(即 $|Z_L| = |Z_0|$)，负载才能获得最大功率。

无论直流电路还是交流电路的最大功率传递定理问题，分析的关键是化简与负载相连的含源线性单口网络，然后再根据电源类型和负载类型，判断和分析负载获得最大功率的条件，以及负载获得的最大功率值。

8.3 典型例题分析

【例 8.1】 图 8.4(a)所示电路中，$\dot{I}_S = 10 \angle 0° \, \text{A}$，求虚线框内单口网络 N_0 的有功功率 P、无功功率 Q、复功率 $\tilde{S}$ 和功率因数 λ。

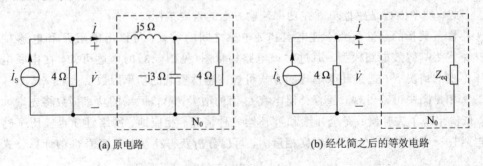

(a) 原电路   (b) 经化简之后的等效电路

图 8.4 例 8.1 的电路图

题意分析：

求解单口网络 N_0 的有功功率、无功功率、复功率和功率因数的方法很多，本例通过对单口网络端口的电压相量和电流相量进行分析，从定义出发，推导单口网络的各种电功率。由于单口网络 N_0 端口的电压相量和电流相量均未知，因此先对单口网络 N_0 进行化简。这是一个 RLC 串并联电路，可以等效为一个阻抗元件，如图 8.4(b) 所示，其等效阻抗 Z_{eq} 的大小表示为

$$Z_{eq}=j5+(-j3)\mathbin{/\mkern-5mu/}4=(1.44+j3.08)\,\Omega \tag{8.3}$$

利用 VCR 方程和分流公式，分别计算单口网络 N_0 的端口电压相量 $\dot{V}$ 和电流相量 $\dot{I}$，可得

$$\begin{cases}\dot{V}=(4\mathbin{/\mkern-5mu/}Z_{eq})\dot{I}_S=17.728+j12.610=21.755\angle 35.4°\,\text{V}\\[2mm]\dot{I}=\dfrac{4}{4+Z_{eq}}\dot{I}_S=5.568-j3.153=6.399\angle -29.5°\,\text{A}\end{cases} \tag{8.4}$$

根据单口网络有功功率、无功功率、复功率和功率因数的定义，可得

$$\begin{cases}P=VI\cos\varphi=21.755\times 6.399\cos[35.4°-(-29.5°)]=59\ \text{W}\\[1mm]Q=VI\sin\varphi=21.755\times 6.399\sin[35.4°-(-29.5°)]=126\ \text{var}\\[1mm]\tilde{S}=P+jQ=59+j126\ \text{V}\cdot\text{A}\\[1mm]\lambda=\dfrac{P}{S}=\dfrac{P}{\sqrt{P^2+Q^2}}=\dfrac{59}{139.2}=0.42（滞后）\end{cases} \tag{8.5}$$

【例 8.2】　在如图 8.5 所示的电路中，已知 $\dot{I}_L=2\angle 30°\,\text{A}$。

(1) 求端口电压相量 $\dot{V}$ 和电流相量 $\dot{I}$；

(2) 求单口网络的等效导纳 Y_{eq}，并判断是容性还是感性网络；

(3) 求单口网络的复功率 $\tilde{S}$。

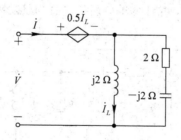

图 8.5　例 8.2 的电路图

题意分析：

(1) 已知响应相量，要求激励相量或其他支路的响应相量，可以通过倒推的方式进行分析。以图 8.5 为例，已知电感支路的电流相量为 $\dot{I}_L$，利用电感 VCR 的相量形式求解电感支路的电压相量 $\dot{V}_L$，可得

$$\dot{V}_L=j2\times \dot{I}_L=4\angle 120°\,\text{V} \tag{8.6}$$

选择左网孔列写回路的 KVL 方程：

$$\dot{V}=0.5\dot{I}_L+\dot{V}_L=-1.134+3.9641j=4.123\angle 105.96°\,\text{V} \tag{8.7}$$

又因 $\dot{V}_L$ 即 RC 串联支路的总电压相量，则串联支路的电流相量 $\dot{I}_C$ 可利用端口的 VCR 相量形式获得

$$\dot{I}_C = \frac{\dot{V}_L}{2-\mathrm{j}2} = \sqrt{2}\angle 165°\mathrm{A} \tag{8.8}$$

最后，利用节点 KCL 的相量形式，分析并联电路的总电流相量 $\dot{I}$：

$$\dot{I} = \dot{I}_L + \dot{I}_C = 2\angle 30° + \sqrt{2}\angle 165° = 0.366 + 1.366\mathrm{j} = 1.79\angle 75°\mathrm{A} \tag{8.9}$$

（2）从定义出发，分析单口网络的等效导纳 Y_{eq}。

$$Y_{eq} = \frac{\dot{I}}{\dot{V}} = \frac{1.79\angle 75°}{4.123\angle 105.96°}$$

$$= 0.4341\angle -30.96°\Omega = (0.3723 - \mathrm{j}0.2233)\Omega \tag{8.10}$$

由式（8.10）可知，等效导纳 $Y_{eq} = G + \mathrm{j}B$ 的电纳分量 $B < 0$，这代表该网络对外呈现感性性质。

（3）单口网络的复功率的求解方法主要有两种：一是从定义 $\tilde{S} = P + \mathrm{j}Q$ 出发求解，但这种方法需要已知单口网络的有功功率 P 和无功功率 Q，显然不适合该题；二是利用复功率的推导公式 $\tilde{S} = \dot{V}\dot{I}^*$ 求解。由于已经求解了单口网络端口的电压和电流相量，因此应选用该方法分析。

$$\tilde{S} = \dot{V}\dot{I}^* = 4.123\angle 105.96° \times 1.79\angle -75° = 7.38\angle 30.96°\mathrm{V}\cdot\mathrm{A} \tag{8.11}$$

【例 8.3】 正弦稳态电路如图 8.6 所示。已知功率表 W 的读数为 120 W，电压表 V 的读数为 20 V。$R_1 = 10\ \Omega$，$R_2 = 10\ \Omega$，$L = 0.2\ \mathrm{H}$，$C = 10^{-3}\mathrm{F}$。

（1）求解 R_1 的有功功率 P_1。

（2）I_L、I_C 和 I_R 是否满足 KCL 关系？试求 I_L、I_C 和 I_R 的值。

（3）试求电源的角频率 ω，并计算单口网络的总的复功率 $\tilde{S}$。

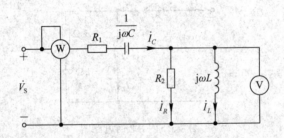

图 8.6　例 8.3 的电路图

题意分析：

（1）功率表 W 的读数就是单口网络总的有功功率读数，而单口网络总的有功功率等于电路中所有电阻元件所消耗的有功功率之和。如果能够求得电阻 R_2 的有功功率 P_2，则电阻 R_1 的有功功率 P_1 就迎刃而解了。P_1 的分析求解过程如下：

$$\begin{cases} P_2 = \dfrac{V_L^2}{R_2} = \dfrac{20^2}{10} = 40\ \mathrm{W} \\[2mm] P_1 = P - P_2 = 80\ \mathrm{W} \end{cases} \tag{8.12}$$

（2）I_L、I_C 和 I_R 是三条支路电流的有效值，交流电路中，有效值不满足 KCL 关系，而满足 KCL 关系的是电流相量或电流瞬时值。

该题中，已知并联电路的电压有效值（电压表读数），故可以快速求得 R_2 支路的电流 I_R；同时根据在（1）中求得的 P_1，可以快速求得 R_1 支路的电流 I_C；电感支路的电流 I_L 因电源角频率未知，无法直接求解，但可以通过间接求解的方法获得。我们知道，这三条支路的电流相量满足 KCL 关系，即满足三角形关系。根据相量图可知，$\dot{I}_L$ 和 $\dot{I}_R$ 的相位相差 $90°$，故三个电流相量满足直角三角形关系，利用边角关系可以计算 I_L 的大小。

根据以上分析结果，列出如下关系式：

$$\begin{cases} I_R = \dfrac{V_L}{R_2} = \dfrac{20}{10} = 2\ \text{A} \\[2mm] I_C = \sqrt{\dfrac{P_1}{R_1}} = \sqrt{\dfrac{80}{10}} = 2\sqrt{2}\ \text{A} \\[2mm] I_L = \sqrt{I_C^2 - I_R^2} = \sqrt{\left(2\sqrt{2}\right)^2 - 2^2} = 2\ \text{A} \end{cases} \tag{8.13}$$

（3）已知电感的电压和电流的有效值（V_L 和 I_L），利用电感元件电压电流模的关系，求解电源的角频率 ω，可得

$$\omega = \frac{V_L}{L I_L} = \frac{20}{0.2 \times 2} = 50\ \text{rad/s} \tag{8.14}$$

本例从定义出发分析单口网络的复功率 $\widetilde{S}$。目前已知单口网络的有功功率为 P，只要求得总的无功功率 Q，即可求解 $\widetilde{S}$。单口网络总的无功功率 Q 等于单口网络中所有电抗元件所产生的无功功率之和，其分析求解过程如下：

$$\begin{cases} Q_L = \omega L I_L^2 = 50 \times 0.2 \times 2^2 = 40\ \text{var} \\[2mm] Q_C = -\omega C V_C^2 = -\omega C \left(\dfrac{I_C}{\omega C}\right)^2 = -\dfrac{I_C^2}{\omega C} = -\dfrac{\left(2\sqrt{2}\right)^2}{50 \times 10^{-3}} = -160\ \text{var} \\[2mm] Q = Q_L + Q_C = 40 - 160 = -120\ \text{var} \end{cases} \tag{8.15}$$

故单口网络的复功率 $\widetilde{S}$ 表示为

$$\widetilde{S} = P + \mathrm{j}Q = (120 - \mathrm{j}120)\text{var} \tag{8.16}$$

【例 8.4】　已知电路如图 8.7 所示，为无源单口网络 N_0，其端口电压和端口电流分别为 $v = 220\sqrt{2}\cos(314t)\,\text{V}$，$i = 2\sqrt{2}\cos(314t - 30°)\,\text{A}$。

（1）求单口网络的等效阻抗 Z_{eq}；

（2）求单口网络的 P、Q 和 λ；

（3）若要将功率因数提高到 0.98（滞后），需并联多大的电容？

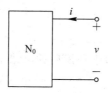

图 8.7　例 8.4 的电路图

题意分析：

（1）将单口网络的端电压和端电流分别用有效值相量表示如下：

$$\begin{cases} v = 220\sqrt{2}\cos(314t)\text{V} \Longleftrightarrow \dot{V} = 220\angle 0° \text{V} \\ i = 2\sqrt{2}\cos(314t - 30°)\text{A} \Longleftrightarrow \dot{I} = 2\angle -30° \text{A} \end{cases} \quad (8.17)$$

单口网络 N_0 的等效阻抗为

$$Z_{\text{eq}} = \frac{\dot{V}}{\dot{I}} = \frac{220\angle 0°}{2\angle(-30°)} = 110\angle 30° = (95.263 + \text{j}55)\,\Omega \quad (8.18)$$

（2）利用单口网络的推导公式计算有功功率 P、无功功率 Q 和功率因数 λ：

$$\begin{cases} P = I^2 R = 2^2 \times 95.263 = 381 \text{ W} \\ Q = I^2 X = 2^2 \times 55 = 220 \text{ var} \\ \lambda = \cos\varphi_z = \cos30° = 0.866(滞后) \end{cases} \quad (8.19)$$

（3）补偿前阻抗角 $\varphi_Z = 0° - (-30°) = 30°$，补偿后功率因数为 0.98（滞后），对应的阻抗角为 $\varphi_2 = \arccos(0.98) = 11.5°$，代入补偿电容容值计算公式，可得

$$C = \frac{P(\tan\varphi_Z - \tan\varphi_2)}{\omega V^2} = \frac{381(\tan30° - \tan11.5°)}{314 \times 220^2} = 9.4\ \mu\text{F} \quad (8.20)$$

【例 8.5】 在图 8.8 所示的电路中，已知正弦电压 $v_s(t) = 220\sqrt{2}\cos(100\pi t)\text{V}$。

（1）并联电容前，测得电感电流的有效值 $I_L = 10$ A，有功功率 $P = 1.1$ kW，计算感性负载的功率因数 λ_1；

（2）并联电容 C 后，将单口网络的功率因数提高到 0.9（超前，容性网络），求并联电容 C 的大小；

（3）并联电容 C 后，求电容电流 I_C 和电容的无功功率 Q_C。

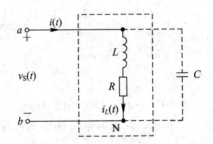

图 8.8 例 8.5 的电路图

题意分析：

（1）根据功率因数的定义可知：

$$\lambda_1 = \frac{P}{V_s I_L} = \frac{1.1 \times 10^3}{220 \times 10} = 0.5 \quad (8.21)$$

（2）补偿前的功率因数 $\cos\varphi_1 = 0.5$，$\varphi_1 = 60°$；补偿后的功率因数 $\cos\varphi_2 = 0.9$，$\varphi_2 = -25.84°$。注意 φ_2 有两个解，但是由于补偿后的电路是容性负载，因此功率因数角（即端口电压电流的相位差）$\varphi_2 < 0$。将 φ_1 和 φ_2 代入补偿电容容值的计算公式，可得

$$C = \frac{P(\tan\varphi_1 - \tan\varphi_2)}{\omega V_s^2} = \frac{1.1 \times 10^3 \times (\tan60° - \tan(-25.84°))}{100\pi \times 220^2} = 160.4\ \mu\text{F} \quad (8.22)$$

（3）根据电容电压和电流模的关系，以及电容元件无功功率的推导公式，分别计算电容电流 I_C 和无功功率 Q_C，可得

$$\begin{cases} I_C = \omega C V_s = 100\pi \times 160.4 \times 10^{-6} \times 220 = 11.08 \text{ A} \\ Q_C = -\omega C V_s^2 = -100\pi \times 160.4 \times 10^{-6} \times 220^2 = -2437.7 \text{ var} \end{cases} \tag{8.23}$$

【例 8.6】　电路如图 8.9 所示，两台单相异步电动机并联运行，已知电源电压为 $\dot{V}_s = 220\angle 0° \text{V}$，感性负载的 $P_1 = 5 \text{ W}$，$\lambda_1 = 0.7$。容性负载的 $P_2 = 10 \text{ W}$，$\lambda_2 = 0.9$。

（1）求两负载总的无功功率 Q；

（2）求总电流 $\dot{I}$ 和总的功率因数 λ。

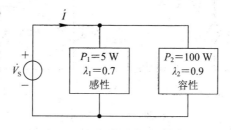

图 8.9　例 8.6 的电路

题意分析：

（1）图 8.9 所示电路中有两个负载，一个是感性负载，一个是容性负载。每相负载均已知有功功率和功率因数，根据这两组信息，利用功率三角形关系分别求解每相负载的无功功率。而电路中总的无功功率 Q 应等于两相负载产生的无功功率之和。已知 $\cos\varphi_1 = 0.7$（感性），$\cos\varphi_2 = 0.9$（容性），故 $\varphi_1 = 45.57°$，$\varphi_2 = -25.84°$。根据功率三角形关系可知：

$$\begin{cases} Q_1 = P_1 \tan\varphi_1 = 5 \times \tan 45.57° = 5.1 \text{ var} \\ Q_2 = P_2 \tan\varphi_2 = 10 \times \tan(-25.84°) = -4.843 \text{ var} \\ Q = Q_1 + Q_2 = 5.1 - 4.843 = 0.257 \text{ var} \end{cases} \tag{8.24}$$

（2）这是一个并联电路，若能求解出每相负载的电流相量，就能利用 KCL 求解总电流相量。根据每相负载提供的信息，利用功率因数定义求解每相负载的电流有效值，可得

$$\begin{cases} I_1 = \dfrac{P_1}{V_s \lambda_1} = \dfrac{5}{220 \times 0.7} = 0.0325 \text{ A} \\ I_2 = \dfrac{P_2}{V_s \lambda_2} = \dfrac{10}{220 \times 0.9} = 0.0505 \text{ A} \end{cases} \tag{8.25}$$

每相负载电流的相位角 φ_{i1} 和 φ_{i2} 需要通过功率因数角确定：

$$\begin{cases} \varphi_1 = 0 - \varphi_{i1}, \quad \varphi_{i1} = -\varphi_1 = -45.57° \\ \varphi_2 = 0 - \varphi_{i2}, \quad \varphi_{i2} = -\varphi_2 = 25.84° \end{cases} \tag{8.26}$$

故两相负载的电流相量以及总电流相量分别表示为

$$\begin{cases} \dot{I}_1 = 0.0325\angle -45.57° \text{A} \\ \dot{I}_2 = 0.0505\angle 25.84° \text{A} \\ \dot{I} = \dot{I}_1 + \dot{I}_2 \\ \quad = (0.0228 - j0.0232) + (0.0455 + j0.022) \\ \quad = 0.0683 - j0.0012 \text{A} = 0.0683\angle -1.007° \text{A} \end{cases} \tag{8.27}$$

总的功率因数表示为

$$\lambda = \cos[0-(-1.007°)] = 0.9998 \tag{8.28}$$

【例8.7】 图 8.10(a)所示单口网络中，$v_s(t) = 20\cos(1000t)$V，在单口网络 ab 端外接负载 Z_L，求 Z_L 为何值时可以获得最大有功功率，最大有功功率为多少？

(1)$Z_L = R_L + jX_L$，且实部和虚部均独立可变；

(2)$Z_L = R_L$，即阻抗的模可变，辐角固定。

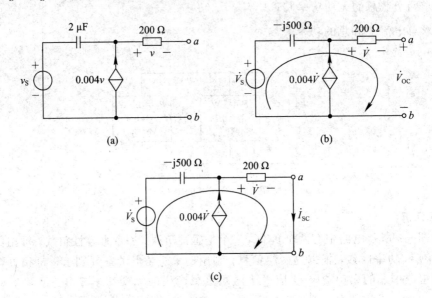

图 8.10 例 8.7 的电路图

题意分析：

交流电路最大功率传递定理问题分析求解的关键是：化简与负载相连的单口网络，本例采用戴维南等效的方式进行化简。先画出图 8.10(a)时域电路所对应的相量模型，如图 8.10(b)所示。其中：$v_s(t) = 20\cos(1000t)$V $\leftrightarrow \dot{V}_s = 10\sqrt{2}$ V，$Z_C = \dfrac{1}{j\omega C} = -j500\Omega$。列写图 8.10(b)所示回路的 KVL 方程，由于 ab 端口开路，端口电流相量为 0，故 $\dot{V} = 0$，$0.004\dot{V} = 0$，受控电流源作开路处理，获得 ab 端口的开路电压相量：

$$\dot{V}_{OC} = -j500 \times 0.004\dot{V} + \dot{V}_s = 10\sqrt{2} \angle 0° \text{V} \tag{8.29}$$

将 ab 端短接，导线上的电流 $\dot{I}_{SC}$ 即短路电流，电路如图 8.10(c)所示，列写回路的 KVL 方程：

$$(-j500) \times \left(\frac{\dot{V}}{200} - 0.004\dot{V}\right) + \dot{V} - \dot{V}_s = 0 \tag{8.30}$$

解得

$$\begin{cases} \dot{V} = (8+j4)\sqrt{2} \text{ V} \\ \dot{I}_{SC} = \dfrac{\dot{V}}{200} = (0.04+j0.02)\sqrt{2} \text{ A} \end{cases} \tag{8.31}$$

采用短路电流法求单口网络的等效阻抗 Z_O，可得

$$Z_O = \frac{\dot{V}_{OC}}{\dot{I}_{SC}} = \frac{10\sqrt{2}\angle0°}{(0.04+j0.02)\sqrt{2}} = (200-j100)\,\Omega \qquad (8.32)$$

（1）当负载阻抗 Z_L 与单口网络的等效阻抗 Z_O 为共轭关系时，即 $Z_L = Z_O^* = (200+ j100)\,\Omega$ 时，负载获得的有功功率最大为

$$P_{Lmax} = \frac{V_{OC}^2}{4R_O} = \frac{(10\sqrt{2})^2}{4\times200} = 0.25\,\text{W} \qquad (8.33)$$

（2）当负载阻抗 Z_L 和单口网络的等效阻抗 Z_O 满足模匹配条件，即 $R_L = |Z_O| = \sqrt{200^2+100^2}\,\Omega = 100\sqrt{5}\,\Omega$ 时，负载获得最大功率为

$$P_{Lmax} = \left|\frac{\dot{V}_{OC}}{Z_O+R_L}\right|^2 \cdot R_L = 0.236\,\text{W} \qquad (8.34)$$

8.4　仿　真　实　例

8.4.1　感性负载的交流仿真分析

在 Multisim 工作区创建如图 8.11 所示电路，并放置瓦特计和示波器，其中电源为交流功率源 AC_POWER，设置电源电压有效值为 220 V，频率为 50 Hz，初相位为 0°。设置 $R_1 = 100\,\Omega$，$L_1 = 200\,\text{mH}$。注意瓦特计的连接方法，其电压端口并联在需要测量的单口网络两端，其电流端口与被测量的单口网络呈串联关系。示波器的 A 和 B 通道分别用于测试电压源电压和 R_1 电阻的电压波形。运行仿真按钮，双击瓦特计和示波器即可显示示数和波形。

由仿真结果可知，单口网络的有功功率 $P = 344.445\,\text{W}$，功率因数 $\lambda = 0.84360$。观察双踪示波器显示的波形，蓝色曲线代表单口网络端口的电压波形，紫色曲线代表电阻 R_1 的电压波形（与单口网络端口电流的波形是同相位的），显然单口网络端口电压超前于电流相位，说明该网络为感性网络。

从理论上验证仿真分析结果的正确性。利用单口网络端口 VCR 模的关系，求得回路电流的有效值表示为

$$I = \frac{V_S}{|R_1+j\omega L_1|} = \frac{V_S}{\sqrt{R_1^2+(\omega L_1)^2}} = \frac{220}{\sqrt{100^2+(2\times\pi\times50\times0.2)^2}} = 1.863\,\text{A} \quad (8.35)$$

因此电路的有功功率 P 和功率因数 λ 分别表示为

$$\begin{cases} P = I^2R_1 = 1.863^2\times100 = 347.077\,\text{W} \\ \lambda = \dfrac{P}{VI} = \dfrac{347.077}{220\times1.863} = 0.8458 \end{cases} \qquad (8.36)$$

理论分析与仿真分析结果基本一致。

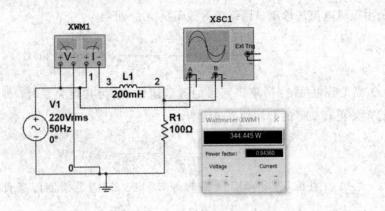

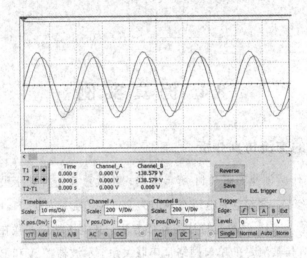

图 8.11　感性负载交流仿真电路及仿真结果

8.4.2　提高感性负载功率因数的仿真分析

在 Multisim 工作区创建如图 8.12 所示的仿真电路。

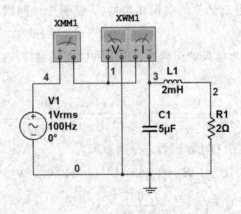

图 8.12　功率因数提高仿真电路

　　在如图 8.12 所示的感性网络的两端并联电容 C_1，将电容 C_1 的值分别设置为 5 μF、355 μF 和 800 μF，运行仿真按钮，分别获得电流表（XMM1）和功率计（XWM1）示数如图 8.13 所示。

　　可见，三种情况下负载的有功功率不变，均为 355.830 W。当 $C_1=5$ μF 时，功率因数为 0.847 02，回路电流有效值为 420.082 mA，电路处于欠补偿状态；当 $C_1=355$ μF 时，测得功率因数为 1，回路电流有效值最小为 355.825 A，电路处于完全补偿状态；当 $C_1=800$ μF 时，测得功率因数为 0.782 95，回路电流有效值为 454.459 mA，电路处于过补偿状态。

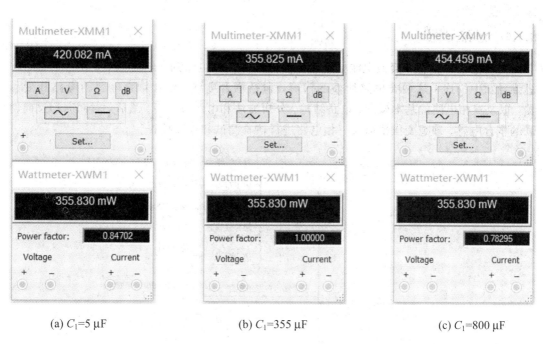

(a) C_1=5 μF　　　　　　　(b) C_1=355 μF　　　　　　　(c) C_1=800 μF

图 8.13　C_1 取 5 μF、355 μF 和 800 μF 时的端口电流、有功功率和功率因数

第 9 章　磁耦合电路和三相电路分析

9.1　学 习 纲 要

9.1.1　思维导图

　　本章主要介绍正弦交流电激励下磁耦合电路和三相电路的分析方法。在图 9.1 所示的思维导图中描述了这两类电路所涉的内容，包括耦合电感、包含耦合电感的电路和变压器，以及三相电路的基本概念、电路结构、分析方法和电路应用等。最后，对同向和反向串联的耦合电感、理想变压器以及三相电路进行仿真测试和故障排查。

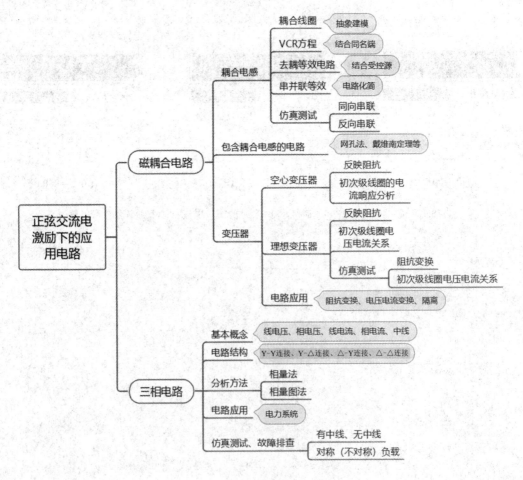

图 9.1　思维导图

9.1.2　学习目标

表 9.1 所示为本章的学习目标。

表 9.1　学习目标

序号	学习要求	学 习 目 标
1	记忆	① 自感电压和互感电压的表达式； ② 线性变压器反映阻抗推导公式； ③ 理想变压器初次级线圈电压、电流关系及反映阻抗的推导公式； ④ 三相电源和三相负载的两种连接方式：Y 和 △
2	理解	① 互感原理、自感电压、互感电压、耦合系数等概念； ② 耦合电感的抽象过程，同名端的作用； ③ 耦合电感的去耦等效化简； ④ 为何使用三相交流电而非单相交流电进行能量传输； ⑤ 线电压、相电压、线电流和相电流的基本概念； ⑥ 电源 Y 或 △ 连接，负载 Y 或 △ 连接时线电压和相电压，线电流和相电流的关系(利用相量图分析)； ⑦ 中线在三相电路中的作用
3	分析	① 自感电压和互感电压参考极性的判断，以及耦合电感端口 VCR 方程的列写； ② 包含耦合电感的电路分析； ③ 包含线性变压器和理想变压器的电路分析； ④ Y–Y 和 Y–△ 连接下负载对称或不对称时的三相电路响应分析
4	应用	耦合电路、信号变换和传递，以实现稳压、隔离、阻抗匹配等功能

9.2　重点和难点解析

9.2.1　互感及磁耦合电路

1. 耦合电感的抽象建模

耦合电感是从实际的耦合线圈中抽象出来的电路模型。它的初次级线圈所在回路之间互相影响，从而造成磁通增强或磁通削弱的现象，在这些回路中可以抽象出互感支路或在回路之间抽象出互感变压器。

2. 磁耦合的相关概念

1) 自感电压的大小和极性判断

如图 9.2 所示，当交变电流 i_1 和 i_2 分别流经线圈 L_1 和 L_2 时，它们产生的磁通(自磁通)分别会在线圈 L_1 和 L_2 上产生自感电压，大小用 $v'_1 = L_1(\mathrm{d}i_1/\mathrm{d}t)$ 和 $v'_2 = L_2(\mathrm{d}i_2/\mathrm{d}t)$ 表示。其中，v'_1 和 i_1 以及 v'_2 和 i_2 均呈关联参考方向。式中，L_1 和 L_2 称为自感系数，单位为

亨利(H)。

2) 互感电压的大小和极性判断

若两组线圈的电流产生的磁通相互交链，即电流 i_1（或 i_2）产生的磁通均有部分（互磁通）通过了线圈 L_2（或线圈 L_1），例如 Φ_{12}（或 Φ_{21}），互磁通会在两组线圈上分别产生互感电压，大小用 $v''_1 = M(\mathrm{d}i_2/\mathrm{d}t)$ 和 $v''_2 = M(\mathrm{d}i_1/\mathrm{d}t)$ 表示。式中，M 称为互感系数，单位为亨利(H)。若两组线圈中的互磁通与自磁通方向相同，说明互感效应起到增强磁通的作用，互感电压和自感电压极性相同。若两组线圈中的互磁通与自磁通方向相反，说明互感效应起到削弱磁通的作用，互感电压和自感电压极性相反。

3) 磁耦合现象中叠加原理的应用

由以上分析可知：当线圈 L_1 和线圈 L_2 均通以交变电流时，在自磁通和互磁通的共同作用下，两组线圈端电压的表达式为：$v_1 = v'_1 + v''_1$，$v_2 = v'_2 + v''_2$（$i_1 \neq 0$，$i_2 \neq 0$）；若 $i_1 \neq 0$，$i_2 = 0$，则 $v_1 = v'_1$，$v_2 = v''_2$。若 $i_1 = 0$，$i_2 \neq 0$，则 $v_1 = v''_1$，$v_2 = v'_2$。

4) 磁耦合程度

多数情况下我们讨论的是线圈绕在铁磁性介质上时产生的互感机制，但事实上，电感效应不需要铁磁介质，只要有电流流过导线，就会产生自感效应；只要两根导线间存在磁通的交链，就会产生互感效应。铁磁介质的加入，仅仅是会影响自感系数 L 和互感系数 M 的参数值。

两组线圈的耦合程度用耦合系数 k 表示，$k = M/\sqrt{L_1 L_2}$，且 $0 \leqslant k \leqslant 1$。耦合系数 k 的大小和两组线圈的相对位置、线圈绕制的方向和磁环结构等因素有关。

3. 同名端

耦合线圈通常会用一个黑匣子将其封装成一个双口网络，如图 9.3 所示。因无法得知其内部两组线圈的绕向，以及线圈的相对位置。当两个端口分别通以交变电流时，无从判断线圈内部究竟是磁通相互增强还是相互削弱。为解决该问题，引入同名端概念：若电流从其中的两个端钮（不同端口）同时流入（或流出），线圈内部磁通相互增强，这两个端钮称为一对同名端，否则称为异名端。同名端用"·"或"*"标注。若图 9.3 为图 9.2 封装后的模块，根据右手螺旋定则判断同名端的位置标注如图 9.3 所示。

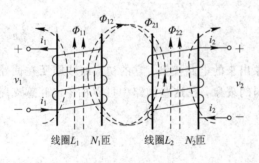

图 9.2　耦合线圈

图 9.3　封装后的耦合线圈

4. 耦合电感的等效及电路化简

耦合电感是双端口元件，其端口的 VCR 方程体现了线圈之间的耦合关系，可以用受控源作为等效电路模型。一对耦合电感可以以串联、并联或非串并联结构的形式呈现。包含耦合电感的电路，可以通过去耦等效的方式对其进行化简，从而简化对磁耦合电路的分析。

1) 耦合电感端口的 VCR 方程

根据磁耦合现象分析结果可知，当一对耦合电感分别通以交变电流时，其端口的电压是由自感电压和互感电压叠加而成的。如图 9.4(a) 所示，两个电感元件自感电压的大小分别为 $v'_1 = L_1(\mathrm{d}i_1/\mathrm{d}t)$ 和 $v'_2 = L_2(\mathrm{d}i_2/\mathrm{d}t)$，且自感电压的极性和端口电流呈关联参考方向。互感电压的大小分别为 $v''_1 = M(\mathrm{d}i_2/\mathrm{d}t)$ 和 $v''_2 = M(\mathrm{d}i_1/\mathrm{d}t)$。互感电压极性的判断方法如下：若两个端口电流同时从同名端流入（或流出），则耦合电感内部的自磁通和互磁通方向相同，互感效应对磁通起到增强作用，互感电压和自感电压极性相同；反之，互感电压和自感电压极性相反。根据以上判断方法，列写如图 9.4(a) 所示的耦合电感端口的 VCR 方程：

$$\begin{cases} v_1 = L_1\,\dfrac{\mathrm{d}i_1}{\mathrm{d}t} - M\,\dfrac{\mathrm{d}i_2}{\mathrm{d}t} \\[2ex] v_2 = L_2\,\dfrac{\mathrm{d}i_2}{\mathrm{d}t} - M\,\dfrac{\mathrm{d}i_1}{\mathrm{d}t} \end{cases} \tag{9.1}$$

2) 耦合电感的去耦等效电路

一对耦合电感在交变电流的激励下，存在磁耦合效应。通过分析耦合电感端口的伏安特性，用线性元件组成的网络对其进行等效替换，从而实现去耦等效。已知耦合电感的端口电压是由自感电压和互感电压叠加而成的。其中，自感电压 $v'_1 = L_1(\mathrm{d}i_1/\mathrm{d}t)$ 对应的电路模型是一个线性电感元件 L_1。互感电压 $v''_1 = M(\mathrm{d}i_2/\mathrm{d}t)$ 反映了支路电流 i_2 对支路电压 v''_1 的控制与被控制关系，可以用电流控制电压源作为等效电路模型。故图 9.4(a) 所示的耦合电感的去耦等效电路如图 9.4(b) 所示。

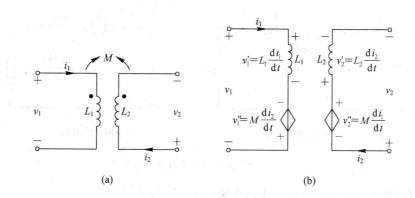

图 9.4　去耦等效电路

3) 包含耦合电感的电路分析方法和步骤

包含耦合电感的电路的分析方法和步骤如下：

(1) 列出其端口的 VCR 方程（时域或相量域）；

(2) 根据其所在回路列写 KVL 方程，或根据节点列写 KCL 方程；

（3）联立方程组即可求解电路的响应。

9.2.2　变压器

变压器是利用电磁感应原理实现信号或能量传递的一种装置，可以用耦合电感作为它的等效电路模型。变压器由初级线圈和次级线圈组成，初级线圈通常接电源，次级线圈接负载。它的主要功能包括：电压变换、电流变换、阻抗变换、隔离和稳压（磁饱和变压器）等。按用途可以分为：配电变压器、单相变压器、整流变压器、抗干扰变压器等。变压器虽然可以实现升压功能，但它不是电压放大器，实际变压器的输出功率低于输入功率。理想变压器的输出功率等于输入功率，能量转换效率达到 100%。

1. 线性变压器

将两个具有磁耦合关系的线圈绕在非铁磁性材料制成的芯子上，就可以制作空芯变压器（线性变压器）。空芯变压器属于松耦合，在通信电子电路和测量仪器中具有广泛的应用。它是一种双口动态元件，其端口电压电流为微积分关系，属于线性记忆耗能储能型元件。包含空芯变压器的电路，可以用耦合电感作为其等效电路模型，通常采用网孔法和戴维南等效的方式对其所在电路进行分析。

包含线性变压器的电路如图 9.5（a）所示。通过列写初级和次级回路的 KVL 方程，推导 11′ 端口的等效阻抗 $Z_{eq}=\dot{V}_1/\dot{I}_1$ 的表达式，可得

$$Z_{eq}=R_1+\mathrm{j}\omega L_1+\frac{\omega^2 M^2}{R_2+\mathrm{j}\omega L_2+Z_L} \tag{9.2}$$

其中，$Z_{ref}=\dfrac{\omega^2 M^2}{R_2+\mathrm{j}\omega L_2+Z_L}$ 被称为反映阻抗。去线性变压器后的等效电路如图 9.5（b）所示。

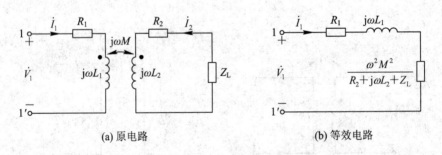

(a) 原电路　　　　　　　　　　　　　(b) 等效电路

图 9.5　线性变压器的阻抗变换性质

包含线性变压器的电路分析方法和步骤如下：

（1）利用线性变压器的阻抗变换性质，计算反映阻抗 Z_{ref} 的大小。

（2）利用图 9.5（b）所示的去变压器后的等效电路，计算线性变压器初级线圈的电流相量：

$$\dot{I}_1=\frac{\dot{V}_1}{R_1+\mathrm{j}\omega L_1+Z_{ref}} \tag{9.3}$$

（3）根据线性变压器的次级回路列写 KVL 方程，从而求得次级线圈的电流：

$$\dot{I}_2 = \frac{-j\omega M}{R_2 + j\omega L_2 + Z_L}\dot{I}_1 \tag{9.4}$$

2. 理想变压器

理想变压器是一种磁耦合元件，它是从实际铁芯变压器中抽象出来的理想电路元件。它是根据耦合电感的极限情况引出的定义，需同时满足 $k=1$（全耦合），$L_1\to\infty$、$L_2\to\infty$ 为有限值，$M\to\infty$（$k=1$ 时的互感），以及初次级线圈无损耗的特点。它的唯一参数是初次级线圈的匝数比 n。理想变压器在电路中它起到传递能量和信号变换的作用。由功率守恒可以推导理想变压器初次级线圈的电压或电流关系，并由此推导次级回路折合到初级回路的等效阻抗 Z_{ref}。

理想变压器电路如图 9.6(a)所示，其11′端口的等效电路如图 9.6(b)所示。其中初次级线圈的电压电流关系（时域和相量域），以及次级回路在初级回路中的反映阻抗 Z_{ref} 的表达式见式（9.5）和式（9.6）。

$$\begin{cases} \dfrac{v_1}{v_2}=\dfrac{1}{n} \ 或 \ \dfrac{\dot{V}_1}{\dot{V}_2}=\dfrac{1}{n} \\ \dfrac{i_1}{i_2}=-\dfrac{n}{1} \ 或 \ \dfrac{\dot{I}_1}{\dot{I}_2}=-\dfrac{n}{1} \end{cases} \tag{9.5}$$

$$Z_{ref}=\frac{\dot{V}_1}{\dot{I}_1}=\frac{Z_L}{n^2} \tag{9.6}$$

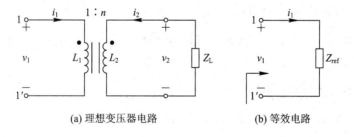

(a) 理想变压器电路　　　　　(b) 等效电路

图 9.6　理想变压器电路

包含理想变压器的电路分析方法和步骤如下：
（1）利用理想变压器的阻抗变换性质，计算反映阻抗 Z_{ref} 的大小；
（2）将理想变压器和次级回路用反映阻抗替代后，分析初级回路的电压和电流响应；
（3）利用初次级线圈的电压电流关系，分析次级回路的电压电流响应。

9.2.3　三相电路概况

1. 三相电路及安全用电

交流电在动力方面的应用采用的是三线制，包括三相三线制和三相四线制。之所以采用三线制，基于以下两方面的原因：①减少输送电力的成本。在多用一条线的情况下，三相交流电的输电能力是单相交流电的 3 倍；②工业电力用户的负载大多都是三相负载，而作为电动机采用三相交流电，其制造成本、运行成本、设备体积等都是最简单的。

　　安全用电可以保障人身安全和设备安全。如果不遵守安全操作流程，忽视安全保护措施，就有可能发生触电现象。当电流流经人体时，会造成人体内器官的损伤，甚至致人死亡。通过人体的致命电流大约 50 mA，当电源频率为 40~60 Hz 时，电流对人体伤害最为严重。在干燥环境下人体阻值最大，潮湿状态或受损状态时阻值会下降。电气设备采用接地和接零的目的是确保人身安全和设备的安全运行。

2. 三相电路结构

　　三相电路是由三相电源、三相负载和三相传输线路组成的电路。它的电路结构特点是：有三组振幅和频率相同，相位相差 120° 的正弦电源构成，且电源和负载按照 Y 或 △ 方式进行连接。由于三相电源和三相负载各有两种连接方式，理论上有 4 种组合：Y - Y、Y - △、△ - Y 和 △ - △。三相电路在发电、输电、配电及大功率用电设备等电力系统中被广泛应用。

　　在三相电路的学习过程中，初学者需了解线电压和相电压，线电流和相电流等基本概念。相电压和线电压都是针对电源而言的，相电压指三相电源中三组线圈感应出来的三相电压，线电压指两根火线之间的电压；线电流指火线上的电流，相电流指三相负载上的电流。在不同的连接方式下，线电压、相电压、线电流和相电流之间的关系不同（结合相量图法分析）。电源 Y 连接时，线电压 $=\sqrt{3}$ 相电压；电源 △ 连接时，线电压 $=$ 相电压；负载 △ 连接时，线电流 $=\sqrt{3}$ 相电流；负载 Y 连接时，线电流 $=$ 相电流。读者需要重点掌握平衡负载或非平衡负载时，Y - Y 以及 Y - △ 结构下的三相电路分析方法；并了解中线在三相电路中的作用，能够对三相电路进行故障排查和分析。

9.2.4 负载 Y 连接的三相电路分析

　　负载 Y 连接的三相电路，其电源的连接方式通常也采用 Y 连接。对于 Y - Y 结构的三相电路的分析步骤如下：

1. 三相负载对称(阻抗均为 Z)

　　(1) 不管是否有中线，根据 A 相电源的相电压 $\dot{V}_A$，推导 A 相负载的相电流 $\dot{I}_{PA}=\dot{V}_A/Z$，而线电流 $\dot{I}_{LA}=\dot{I}_{PA}$。

　　(2) 依次类推，B 相和 C 相负载的相电流和线电流(电源正序)：

$$\begin{cases} \dot{I}_{PB}=\dot{I}_{PA}\angle -120°, \ \dot{I}_{LB}=\dot{I}_{PB} \\ \dot{I}_{PC}=\dot{I}_{PA}\angle +120°, \ \dot{I}_{LC}=\dot{I}_{PC} \end{cases} \tag{9.7}$$

2. 三相负载不对称(阻抗分别为 Z_A、Z_B 和 Z_C)

　　要使负载正常工作，Y - Y 结构必须连接中线。在有中线且电源正序的情况下，三相负载的相电流和线电流表示为

$$\begin{cases} \dot{I}_{PA}=\dot{V}_A/Z_A, \ \dot{I}_{LA}=\dot{I}_{PA} \\ \dot{I}_{PB}=\dot{V}_B/Z_B=\dot{V}_A\angle -120°/Z_B, \ \dot{I}_{LB}=\dot{I}_{PB} \\ \dot{I}_{PC}=\dot{V}_C/Z_C=\dot{V}_A\angle +120°/Z_C, \ \dot{I}_{LC}=\dot{I}_{PC} \end{cases} \tag{9.8}$$

9.2.5　负载△连接的三相电路分析

负载△连接的三相电路，其电源的连接方式通常有 Y 连接和△连接。

1. Y -△结构的三相电路

Y -△结构的三相电路的分析步骤如下：

1）三相负载对称（阻抗均为 Z）

（1）因负载的电压是线电压，故将相电压转换为线电压，即 $\dot{V}_{AB}=\sqrt{3}\dot{V}_A\angle 30°$，推导 A 相负载的相电流 $\dot{I}_{PA}=\dot{V}_{AB}/Z$，而线电流 $\dot{I}_{LA}=\sqrt{3}\dot{I}_{PA}\angle -30°$。

（2）依次类推，B 相和 C 相负载的相电流和线电流（电源正序）：

$$\begin{cases} \dot{I}_{PB}=\dot{I}_{PA}\angle -120°, \dot{I}_{LB}=\dot{I}_{LA}\angle -120° \\ \dot{I}_{PC}=\dot{I}_{PA}\angle +120°, \dot{I}_{LC}=\dot{I}_{LA}\angle +120° \end{cases} \tag{9.9}$$

2）三相负载不对称（阻抗分别为 Z_A、Z_B 和 Z_C）

（1）将 A 相电源电压转换为线电压，即 $\dot{V}_{AB}=\sqrt{3}\dot{V}_A\angle 30°$，由于电源正序，因此 $\dot{V}_{BC}=\dot{V}_{AB}\angle -120°$，$\dot{V}_{CA}=\dot{V}_{AB}\angle +120°$。

（2）分别计算每相负载的相电流，并利用 KCL 计算火线上的线电流。注意：由于负载不对称，线电流不能依次类推获得：

$$\begin{cases} \dot{I}_{PA}=\dot{V}_{AB}/Z_A, \dot{I}_{LA}=\dot{I}_{PA}-\dot{I}_{PC} \\ \dot{I}_{PB}=\dot{V}_{BC}/Z_B, \dot{I}_{LB}=\dot{I}_{PB}-\dot{I}_{PA} \\ \dot{I}_{PC}=\dot{V}_{CA}/Z_C, \dot{I}_{LC}=\dot{I}_{PC}-\dot{I}_{PB} \end{cases} \tag{9.10}$$

2. △-△结构的三相电路

△-△结构的三相电路的分析步骤如下：

1）三相负载对称（阻抗均为 Z）

三相负载的相电压和火线上的线电压分别表示为

$$\begin{cases} \dot{I}_{PA}=\dfrac{\dot{V}_A}{Z}, \dot{I}_{LA}=\dot{I}_{PA}-\dot{I}_{PC} \\ \dot{I}_{PB}=\dot{I}_{PA}\angle -120°, \dot{I}_{LB}=\dot{I}_{LA}\angle -120° \\ \dot{I}_{PC}=\dot{I}_{PA}\angle +120°, \dot{I}_{LC}=\dot{I}_{LA}\angle +120° \end{cases} \tag{9.11}$$

2）三相负载不对称（阻抗分别为 Z_A、Z_B 和 Z_C）

三相负载的相电压和火线上的线电压分别表示为

$$\begin{cases} \dot{I}_{PA}=\dfrac{\dot{V}_A}{Z_A}, \dot{I}_{LA}=\dot{I}_{PA}-\dot{I}_{PC} \\ \dot{I}_{PB}=\dfrac{\dot{V}_A\angle -120°}{Z_B}, \dot{I}_{LB}=\dot{I}_{PB}-\dot{I}_{PA} \\ \dot{I}_{PC}=\dfrac{\dot{V}_A\angle +120°}{Z_C}, \dot{I}_{LC}=\dot{I}_{PC}-\dot{I}_{PB} \end{cases} \tag{9.12}$$

9.3　典型例题分析

【例 9.1】　已知电路如图 9.7 所示，$v_S(t)=10\sqrt{2}\cos t$ V，$L_1=1$ H，$L_2=4$ H，$k=0.5$，$C=2$ F，$R=0.5$ Ω

（1）试求网络 N_1 的等效电感 L_{eq}；

（2）求电源右侧单口网络的等效阻抗 Z，并求回路电流 $i(t)$。

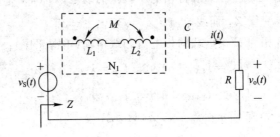

图 9.7　例 9.1 的电路图

题意分析：

这是一个包含耦合电感的正弦稳态电路。先将串联的耦合电感进行化简，再分析去耦之后的正弦稳态电路的响应。

（1）虚线框中是一对反向串联的耦合电感，可等效为一个线性电感 L_{eq}，其参数值为

$$L_{eq}=L_1+L_2-2M=L_1+L_2-2k\sqrt{L_1L_2}=1+4-2\times0.5\sqrt{1\times4}=3 \text{ H} \tag{9.13}$$

（2）电源右侧单口网络的等效阻抗 Z，其参数值为

$$Z=\mathrm{j}\omega L_{eq}+\frac{1}{\mathrm{j}\omega C}+R=\mathrm{j}\cdot1\cdot3+\frac{1}{\mathrm{j}\cdot1\cdot2}+0.5=(\mathrm{j}2.5+0.5)\,\Omega \tag{9.14}$$

回路电流相量为

$$\dot{I}=\frac{\dot{V}_S}{Z}=\frac{10\angle0°}{\mathrm{j}2.5+0.5}=3.922\angle-78.69°\text{ A} \tag{9.15}$$

将式（9.15）中的有效值相量进行反变换，可得

$$i(t)=3.922\sqrt{2}\cos(t-78.69°)\text{A} \tag{9.16}$$

【例 9.2】　如图 9.8 所示的单口网络，电压源 $\dot{V}_S=2\angle0°$V，$\omega=1$ rad/s，$R_1=4$ Ω，$R_2=3$ Ω，$L_1=4$ H，$L_2=3$ H，$M=2$ H。

（1）求单口网络 ab 端的戴维南等效电路；

（2）在 ab 端接入负载电阻 R_L，当负载 R_L 为多大时，负载获得的功率最大，最大功率值 P_{Lmax} 为多少？

题意分析：

（1）单口网络戴维南等效电路求解的关键在于：求 ab 端的开路电压相量 $\dot{V}_{OC}$ 和等效阻抗 Z_0。

① 求单口网络 ab 端的开路电压相量 $\dot{V}_{OC}$。

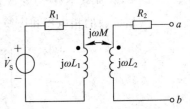

图 9.8　例 9.2 的电路图

电路如图 9.9(a)所示。当 ab 端开路时，ab 端钮的电流 $\dot{I}_2 = 0$，故电感 L_2 的自感电压 $j\omega L_2 \dot{I}_2 = 0$，电感 L_1 的互感电压 $j\omega M \dot{I}_2 = 0$。因此电感 L_1 上只有自感电压 $j\omega L_1 \dot{I}_1$，电感 L_2 上只有互感电压 $j\omega M \dot{I}_1$。画出如图 9.9(b)所示的去耦等效电路。

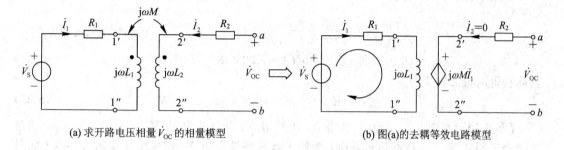

(a) 求开路电压相量 $\dot{V}_{OC}$ 的相量模型   (b) 图(a)的去耦等效电路模型

图 9.9　求 ab 端戴维南等效电路

图 9.9(b)右侧端口是我们非常熟悉的电阻电路，列写 ab 端口开路电压相量的表达式：

$$\dot{V}_{OC} = j\omega M \, \dot{I}_1 \tag{9.17}$$

列写左侧回路的 KVL 方程：

$$(R_1 + j\omega L_1)\dot{I}_1 - \dot{V}_S = 0 \tag{9.18}$$

将式(9.18)代入式(9.17)，可得

$$\dot{V}_{OC} = j\omega M \frac{\dot{V}_S}{R_1 + j\omega L_1} = j \cdot 1 \cdot 2 \frac{2\angle 0^\circ}{4 + j \cdot 1 \cdot 4} = (0.5 + 0.5j)\,\text{V} \tag{9.19}$$

② 求单口网络等效阻抗 Z_O。

由于图 9.9(b)所示电路中包含了受控源，故求 ab 端等效阻抗 Z_O 时必须采用外加电源法。如图 9.10 所示，在 ab 端外加电压源 $\dot{V}_t$，假设端口电流为 $\dot{I}_t$，并将单口网络内部的独立源置零，即 $\dot{V}_S = 0$，电压源用导线替代。

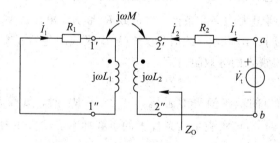

图 9.10　外加电源法求等效阻抗 Z_O

由于图 9.10 中的电压源施加在次级回路上，因此原电路的次级线圈 L_2 成为图 9.8 中的初级线圈，而原电路中的初级线圈 L_1 成为图 9.8 中的次级线圈。利用线性变压器的反映阻抗公式，获得 ab 端单口网络的等效阻抗 Z_O：

$$Z_O = Z_{22} + \frac{\omega^2 M^2}{Z_{11}} = R_2 + j\omega L_2 + \frac{\omega^2 M^2}{R_1 + j\omega L_1} = 3 + j \cdot 1 \cdot 3 + \frac{1^2 \cdot 2^2}{4 + j \cdot 1 \cdot 4} = (3.5 + j2.5)\,\Omega$$

$$\tag{9.20}$$

因此，单口网络 ab 端的戴维南等效电路如图 9.11 所示。

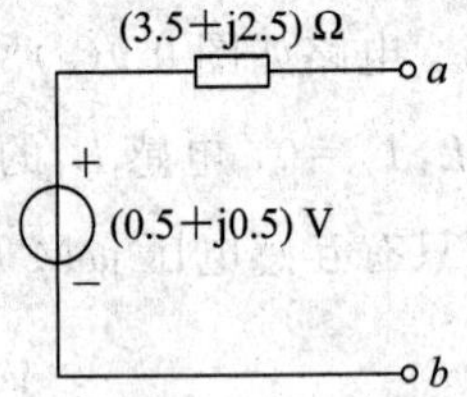

（2）由于外接的负载是纯电阻 R_L，根据最大功率传递定理，当满足模匹配条件，即 $R_L = |Z_O| = |R_O + jX_O| = \sqrt{3.5^2 + 2.5^2} = 4.3\ \Omega$ 时，负载获得最大功率，此时

$$\dot{I} = \frac{\dot{V}_{OC}}{Z_O + R_L} = \frac{0.5 + j0.5}{3.5 + j2.5 + 4.3}$$

$$= (0.076\ 76 + 0.039\ 5j)\text{A} = 0.086\ 33\angle 27.23°\text{A} \tag{9.21}$$

图 9.11　戴维南等效电路

负载获得的最大功率为

$$P_{Lmax} = I^2 R_L = 0.086\ 33^2 \times 4.3 = 0.032\ \text{W} \tag{9.22}$$

【例 9.3】　如图 9.12(a) 所示电路中，电压源 $\dot{V}_S$ 有效值为 10 V，$\omega = 1000\ \text{rad/s}$，通过理想变压器向 $R_L = 5\ \Omega$ 的负载供电，为使负载得到最大功率，则变比 n 要求为多少？此时负载得到的功率为多少？

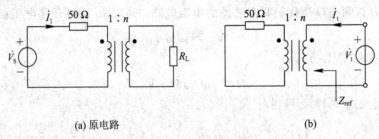

(a) 原电路　　　　　　　　　　　　　　(b)

图 9.12　例 9.3 的电路图

题意分析：

这道题考查的是包含理想变压器电路的最大功率传递定理问题。有不少读者会误认为，当理想变压器的反映阻抗 $Z_{ref} = 50\ \Omega$ 时，负载将获得最大功率。事实上，待求的是负载 R_L 获得最大功率的条件，而不是反映阻抗 Z_{ref} 获得最大功率的条件。故分析求解的关键在于对 R_L 左侧的这个包含理想变压器的电路进行戴维南等效。

（1）先分析 R_L 获得最大功率的条件。将负载 R_L 断开，电压源 $\dot{V}_S$ 置零，在次级线圈端口外加电压源，如图 9.12(b) 所示。此时原先的初次级线圈进行了对调，利用阻抗变换性质，求从次级线圈端口视入的等效阻抗 Z_{ref}：

$$Z_{ref} = n^2 \times 50 \tag{9.23}$$

Z_{ref} 即次级线圈端口的戴维南等效阻抗，当 $Z_{ref} = R_L$ 时，负载 R_L 获得最大功率，故 $n^2 \times 50 = 5$，即 $n = 1/\sqrt{10}$。要求满足该条件下的负载功率 P_{Lmax}，必须求得原电路中次级线圈的电压或电流。

（2）在图 9.12(a) 中，运用阻抗变换性质，求理想变压器初级线圈的回路电流相量 $\dot{I}_1$。

$$\dot{I}_1 = \frac{\dot{V}_S}{50 + \dfrac{1}{n^2} \times 5} = 0.1\ \text{A} \tag{9.24}$$

利用理想变压器初次级电流关系可知：

$$I_2 = -\frac{1}{n}I_1 = -0.316\ \text{A} \tag{9.25}$$

故负载获得的最大功率为

$$P_{\text{Lmax}} = I_2^2 R_L = (-0.316)^2 \times 5 = 0.5 \text{ W} \tag{9.26}$$

【例 9.4】　如图 9.13 所示的理想变压器电路，第一级理想变压器的匝数比 $1:n_1 = 1:2$，第二级理想变压器的匝数比 $1:n_2 = 1:3$，已知所有激励同频率，且 $\dot{V}_S = 40\angle 0°\text{V}$ 和 $\dot{I}_S = 2\angle 0°\text{A}$。其余电路参数分别为：$R_1 = 10\ \Omega$，$R_2 = 20\ \Omega$，$R_3 = 30\ \Omega$，$R_L = 90\ \Omega$。

（1）求 ab 端口处的反映阻抗 Z_{ref1}；

（2）求 ab 端左侧单口网络的戴维南等效电路，并求负载 R_L 的功率 P_L。

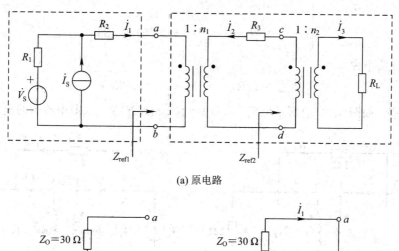

(a) 原电路

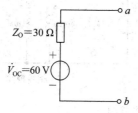

(b) 戴维南等效电路

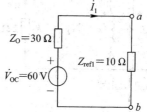

(c) ab 端左右两侧等效电路的连接图

图 9.13　例 9.4 的电路图

题意分析：

（1）这是一个多级变压器电路，要通过逐级推导的方式进行分析。

① 由图 9.13(a)可知，负载 R_L 在第 2 级变压器 cd 端的反映阻抗为

$$Z_{\text{ref2}} = \frac{1}{n_2^2}R_L = \frac{1}{9}R_L = 10\ \Omega \tag{9.27}$$

② 第 1 级变压器次级回路的负载阻抗表示为 $Z_{\text{L1}} = R_3 + Z_{\text{ref2}} = 40\ \Omega$，故第 1 级变压器 ab 端的反映阻抗表示为

$$Z_{\text{ref1}} = \frac{1}{n_1^2} \times Z_{\text{L1}} = \frac{1}{4} \times 40 = 10\ \Omega \tag{9.28}$$

（2）ab 端左侧单口网络的戴维南等效电路，可以通过求 ab 端开路电压相量 $\dot{V}_{\text{OC}}$ 和等效阻抗 Z_0 来获得。将 ab 端右侧的电路断开，利用叠加原理，计算 ab 端的开路电压相量：

$$\dot{V}_{\text{OC}} = \dot{V}_S + R_1\dot{I}_S = 40 + 10 \times 2 = 60\text{ V} \tag{9.29}$$

ab 端左侧单口网络的等效阻抗表示为

$$Z_O = R_1 + R_2 = 10 + 20 = 30 \ \Omega \tag{9.30}$$

画出 ab 端左侧单口网络的戴维南等效电路，如图 9.13(b) 所示。将 ab 端左右两侧的等效电路相连，如图 9.13(c) 所示。第一级变压器初级线圈的电流表示为

$$\dot{I}_1 = \frac{\dot{V}_{OC}}{Z_O + Z_{refl}} = \frac{60}{30 + 10} = 1.5 \ \text{A} \tag{9.31}$$

由同名端和电流的参考方向可知

$$\begin{cases} \dot{I}_2 = -\frac{1}{n_1}\dot{I}_1 = -\frac{1}{2} \times 1.5 = -0.75 \ \text{A} \\ \dot{I}_3 = -\frac{1}{n_2}\dot{I}_2 = -\frac{1}{3} \times (-0.75) = 0.25 \ \text{A} \end{cases} \tag{9.32}$$

负载 R_L 获得功率为

$$P_{Lmax} = I_3^2 R_L = 0.25^2 \times 90 = 5.625 \ \text{W} \tag{9.33}$$

【例 9.5】　如图 9.14(a) 所示电路，$v_S(t) = 8\sqrt{2}\cos(2t)\text{V}$，求图中所示的电流 i_1 和 i_2。

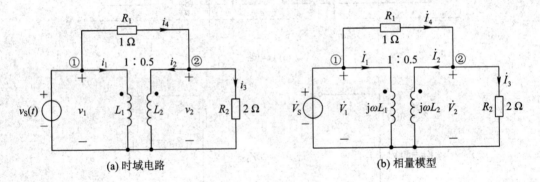

图 9.14　例 9.5 的电路图

题意分析：

这是一个包含理想变压器的正弦稳态电路，应采用相量法进行分析。画出图 9.14(a) 电路所对应的相量模型，如图 9.14(b) 所示。列出所有电路元件的 VCR 方程，并根据回路和节点列写独立的 KVL 和 KCL 方程，联立方程组后即可获得所有支路电压与支路电流的相量解，最后再利用反变换获得时域解。

如图 9.14(b) 所示的参考方向和同名端位置，列写理想变压器初次级线圈的电压和电流关系如下：

$$\begin{cases} \dfrac{\dot{I}_2}{\dot{I}_1} = -\dfrac{1}{n} = -2 \\ \dfrac{\dot{V}_2}{\dot{V}_1} = n = 0.5 \end{cases} \tag{9.34}$$

由如图所示的回路 1 可知，$\dot{V}_S = \dot{V}_1$，故 $\dot{V}_2 = 0.5\dot{V}_S = 4 \ \text{V}$。而电阻 R_2 的 VCR 方程为：$\dot{I}_3 = \dot{V}_2/2 \ \Omega = 2 \ \text{A}$。又因 $\dot{I}_4 = (\dot{V}_1 - \dot{V}_2)/R_1$，解得 $\dot{I}_4 = 4 \ \text{A}$。列写节点②的 KCL 方程：

$$\dot{I}_4 - \dot{I}_2 - \dot{I}_3 = 0 \tag{9.35}$$

解得 $\dot{I}_2 = 2$ A。利用初次级线圈的电流关系，可得 $\dot{I}_1 = -n\dot{I}_2 = -1$ A。最后，利用反变换获得时域解：

$$\begin{cases} i_1(t) = \sqrt{2}\cos(2t + 180°)\,\text{A} \\ i_2(t) = 2\sqrt{2}\cos 2t\,\text{A} \end{cases} \tag{9.36}$$

【例 9.6】　如图 9.15(a)所示的单口网络，已知 $v_S(t) = 10\sqrt{2}\cos 5t$ V，理想变压器的匝比 $n = 2$。求电流 $i_1(t)$ 和电压 $v_2(t)$。

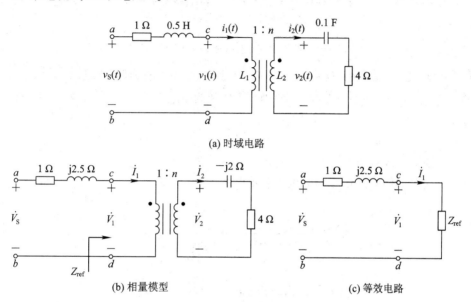

图 9.15　例 9.6 的电路图

题意分析：

这是一个包含理想变压器的正弦稳态电路，应采用相量法进行分析。首先画出图 9.15(a)时域电路所对应的相量模型，如图 9.15(b)所示。由于理想变压器具有阻抗变换的性质，在初级线圈的 cd 端口分析反映阻抗 Z_{ref} 的大小为

$$Z_{\text{ref}} = \frac{1}{n^2}Z_L = \frac{1}{2^2}(-\text{j}2 + 4) = (1 - 0.5\text{j})\,\Omega \tag{9.37}$$

图 9.15(c)是图 9.15(b)的去变压器等效电路，利用该电路进一步分析初级回路的电流相量 $\dot{I}_1$：

$$\dot{I}_1 = \frac{\dot{V}_S}{1 + \text{j}2.5 + Z_{\text{ref}}} = \frac{10\angle 0°}{1 + \text{j}2.5 + 1 - 0.5\text{j}} = 2.5\sqrt{2}\angle -45°\,\text{A} \tag{9.38}$$

$\dot{V}_2$ 有两种求解方法：

方法一：利用理想变压器初次级线圈的电流关系求 $\dot{I}_2$，即

$$\dot{I}_2 = \frac{1}{n}\dot{I}_1 = \frac{1}{2} \times 2.5\sqrt{2}\angle -45° = 1.7675\angle -45°\,\text{A} \tag{9.39}$$

再利用 RC 串联电路的 VCR 方程求解 $\dot{V}_2$，可得

$$\dot{V}_2 = \dot{I}_2(-\text{j}2 + 4) = 7.906\angle -71.57°\,\text{V} \tag{9.40}$$

方法二：在图 9.15(c) 中，利用分压公式求 $\dot{V}_1$，即

$$\dot{V}_1 = \dot{V}_s \times \frac{Z_{ref}}{1+j2.5+Z_{ref}} = 10\angle 0° \times \frac{1-0.5j}{1+j2.5+1-0.5j} = 3.953\angle -71.57°\text{V} \qquad (9.41)$$

利用理想变压器初次级线圈的电压关系求得 $\dot{V}_2$：

$$\dot{V}_2 = n\,\dot{V}_1 = 2\dot{V}_1 = 7.906\angle -71.57°\text{V} \qquad (9.42)$$

两种方法分析结果一致，最后利用反变换获得 $\dot{I}_1$ 和 $\dot{V}_2$ 的时域解：

$$\begin{cases} i_1(t) = 5\cos(5t-45°)\text{A} \\ v_2(t) = 7.906\sqrt{2}\cos(5t-71.57°)\text{V} \end{cases} \qquad (9.43)$$

【例 9.7】 Y-△连接的三相电路，如图 9.16 所示。已知对称电源正序且 $\dot{V}_A = 220\angle 0°\text{V}$，线路上的阻抗 $Z_1 = (2+j)\,\Omega$，三相负载的阻抗分别为 $Z_A = (10+j5)\,\Omega$，$Z_B = 10\,\Omega$，$Z_C = (10-j5)\,\Omega$，试求：

(1) 相电流和线电流；

(2) 负载吸收的总的有功功率、无功功率和视在功率；

(3) 电源提供的有功功率、无功功率和视在功率。

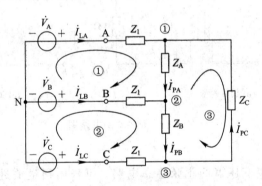

图 9.16　例 9.7 的电路图

题意分析：

已知电源正序且 $\dot{V}_A = 220\angle 0°\text{V}$，故 $\dot{V}_B = 220\angle -120°\text{V}$，$\dot{V}_C = 220\angle +120°\text{V}$。由相电压和线电压的相量图可得，电源的线电压为

$$\begin{cases} \dot{V}_{AB} = \sqrt{3}\,\dot{V}_A \angle 30°\text{V} = 380\angle 30°\text{V} \\ \dot{V}_{BC} = 380\angle -90°\text{V} \\ \dot{V}_{CA} = 380\angle 150°\text{V} \end{cases} \qquad (9.44)$$

(1) 列写节点①、②和③的 KCL 方程：

$$\begin{cases} \dot{I}_{LA} = \dot{I}_{PA} - \dot{I}_{PC} \\ \dot{I}_{LB} = \dot{I}_{PB} - \dot{I}_{PA} \\ \dot{I}_{LC} = \dot{I}_{PC} - \dot{I}_{PB} \end{cases} \qquad (9.45)$$

列写回路①、②和③的 KVL 方程：

$$\begin{cases} \dot{V}_{AB} = Z_1 \dot{I}_{LA} + Z_A \dot{I}_{PA} - Z_1 \dot{I}_{LB} \\ \dot{V}_{BC} = Z_1 \dot{I}_{LB} + Z_B \dot{I}_{PB} - Z_1 \dot{I}_{LC} \\ \dot{V}_{CA} = Z_1 \dot{I}_{LC} + Z_C \dot{I}_{PC} - Z_1 \dot{I}_{LA} \end{cases} \tag{9.46}$$

将式(9.45)代入式(9.46)计算可得

$$\begin{cases} \dot{I}_{PA} = 20.71\angle -3.54° \text{A} \\ \dot{I}_{PB} = 26.12\angle -99° \text{A} \\ \dot{I}_{PC} = 21.85\angle 162.31° \text{A} \end{cases} \tag{9.47}$$

将式(9.47)代入式(9.45)可得

$$\begin{cases} \dot{I}_{LA} = 42.24\angle -10.8° \text{A} \\ \dot{I}_{LB} = 34.85\angle -135.3° \text{A} \\ \dot{I}_{LC} = 36.5\angle 117.3° \text{A} \end{cases} \tag{9.48}$$

（2）三相负载的有功功率分别为

$$\begin{cases} P_A = I_{PA}^2 \text{Re } Z_A = 20.71^2 \times 10 = 4289 \text{ W} \\ P_B = I_{PB}^2 \text{Re } Z_B = 26.12^2 \times 10 = 6822.5 \text{ W} \\ P_C = I_{PC}^2 \text{Re } Z_C = 21.85^2 \times 10 = 4774.2 \text{ W} \end{cases} \tag{9.49}$$

三相负载的无功功率分别为

$$\begin{cases} Q_A = I_{PA}^2 \text{Im } Z_A = 20.71^2 \times 5 = 2144.5 \text{ var} \\ Q_B = I_{PB}^2 \text{Im } Z_B = 26.12^2 \times 0 = 0 \text{ var} \\ Q_C = I_{PC}^2 \text{Im } Z_C = 21.85^2 \times (-5) = -2387.1 \text{ var} \end{cases} \tag{9.50}$$

负载吸收的总的有功功率等于电路中所有负载的有功功率之和，即

$$P_L = P_A + P_B + P_C = 15885.7 \text{ W} \tag{9.51}$$

负载总的无功功率等于电路中所有负载的无功功率之和，即

$$Q_L = Q_A + Q_B + Q_C = -242.6 \text{ var} \tag{9.52}$$

负载总的视在功率**不等于**电路中所有负载的视在功率之和，但可以利用功率三角形进行分析，即

$$S_L = \sqrt{P_L^2 + Q_L^2} = 15887.5 \text{ V} \cdot \text{A} \tag{9.53}$$

（3）三个电源提供的总的有功功率等于每个电源提供的有功功率之和，即

$$\begin{aligned} P_S &= V_A I_{LA} \cos(\varphi_{vA} - \varphi_{iA}) + V_B I_{LB} \cos(\varphi_{vA} - \varphi_{iA}) + V_C I_{LC} \cos(\varphi_{vA} - \varphi_{iA}) \\ &= 220 \times 42.24 \cos[0° - (-10.8°)] + 220 \times 34.85 \cos[-120° - (-135.3°)] + \\ &\quad 220 \times 36.5 \cos(120° - 117.3°) = 24544.55 \text{ W} \end{aligned} \tag{9.54}$$

三个电源提供的总的无功功率等于每个电源提供的无功功率之和，即

$$\begin{aligned} Q_S &= V_A I_{LA} \sin(\varphi_{vA} - \varphi_{iA}) + V_B I_{LB} \sin(\varphi_{vA} - \varphi_{iA}) + V_C I_{LC} \sin(\varphi_{vA} - \varphi_{iA}) \\ &= 220 \times 42.24 \sin[0° - (-10.8°)] + 220 \times 34.85 \sin[-120° - (-135.3°)] + \\ &\quad 220 \times 36.5 \sin(120° - 117.3°) = 4143.09 \text{ var} \end{aligned} \tag{9.55}$$

三个电源提供的视在功率利用功率三角形关系进行分析，即

$$S_S = \sqrt{P_S^2 + Q_S^2} = 24\,891.8 \text{ V} \cdot \text{A} \tag{9.56}$$

9.4　仿真实例

9.4.1　耦合电感的串联仿真测试

已知耦合电感的参数，即 $L_1=10$ mH，$L_2=40$ mH 和 $k=0.5$，电源频率 $\omega=314$ rad/s，分析并测量同向和反向串联时耦合电感的等效电感值 L_{eq}。

（1）创建同向串联耦合电感的仿真电路如图 9.17(a) 所示，其中耦合电感存放在 "Basic/Transformer/Coupled inductors" 中。双击耦合电感的图标，弹出如图 9.17(b) 所示的对话框，分别设置两个线圈的电感值以及耦合系数。

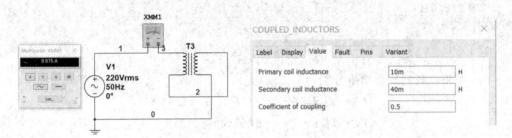

　　　　　(a) 仿真电路和测量结果　　　　　　　　　　(b) 耦合电感参数设置

图 9.17　同向串联的耦合电感的仿真测试

理论上两个同向串联的耦合电感，其等效电感值应为

$$L_{eq同向}=L_1+L_2+2k\sqrt{L_1L_2}$$
$$=10\text{ m}+40\text{ m}+2\times0.5\times\sqrt{10\text{ m}\times40\text{ m}}=70\text{ mH} \tag{9.57}$$

将万用表串接在回路的导线上，运行仿真按钮，获得端口电流的有效值，如图 9.17(a) 所示。由等效电感 L_{eq} 的 VCR 的模的关系可得

$$L_{eq同向}=\frac{V}{\omega I}=\frac{220}{314\times9.875}=70.9\text{ mH} \tag{9.58}$$

可见，理论分析和仿真结果基本一致。

（2）创建反向串联耦合电感的仿真电路如图 9.18 所示。

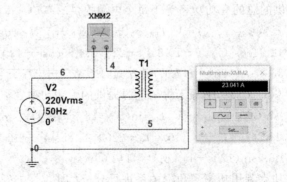

图 9.18　反向串联的耦合电感的仿真测试

理论上两个反向串联的耦合电感，其等效电感值应为

$$L_{eq反向} = L_1 + L_2 - 2k\sqrt{L_1 L_2}$$
$$= 10\ \text{m} + 40\ \text{m} - 2 \times 0.5 \times \sqrt{10\ \text{m} \times 40\ \text{m}} = 30\ \text{mH} \tag{9.59}$$

将万用表串接在回路的导线上，运行仿真按钮，获得端口电流的有效值，如图 9.18 所示。由等效电感 L_{eq} 的 VCR 的模的关系可得

$$L_{eq反向} = \frac{V}{\omega I} = \frac{220}{314 \times 23.041} = 30.4\ \text{mH} \tag{9.60}$$

可见，理论分析和仿真结果基本一致。

9.4.2　理想变压器的仿真测试

理想变压器的仿真电路连接如图 9.19 所示。其中理想变压器存放在"Basic/Transformer/1P1S"中，双击理想变压器图标，在"Value"选项卡中设置匝数比为 1：2；设置交流电压源输出电压的有效值为 100 V，频率为 50 Hz；电阻 $R_1 = 1\ \text{k}\Omega$、$R_2 = 250\ \Omega$。执行菜单"Place/Probe/Voltage and Current"，将探针放置在初次级线圈的导线上，再运行仿真按钮，可以获得变压器初次级线圈的电压和电流的有效值。

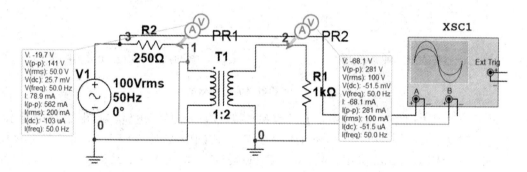

图 9.19　理想变压器仿真电路

从图中的仿真结果可知，由于匝比为 1：2，故次级线圈电压和电流的有效值分别为：$V_2 = nV_1 = 2 \times 50 = 100\ \text{V}$，$I_2 = \dfrac{1}{n}I_1 = \dfrac{1}{2} \times 200\ \text{mA} = 100\ \text{mA}$，理论分析与仿真结果吻合。双击示波器图标，观察电阻 R_2 和理想变压器初级线圈串联支路的总电压(节点 3)和理想变压器初级线圈电压(节点 1)的相位关系，如图 9.20 所示。

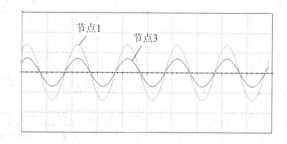

图 9.20　节点 3 和节点 1 的电压波形

由图 9.20 可见，节点 3 和节点 1 的电压是同相位的，说明理想变压器初级线圈端口是

一个纯电阻网络，其反映阻抗 $Z_{ref}=V_1/I_1=50\ V/200\ mA=250\ \Omega$，与理论分析结果 $Z_{ref}=(1/n^2)R_1=(1/2^2)\times10^3=250\ \Omega$ 相吻合。

9.4.3 三相电路的仿真测试

Y-Y 连接三相电路原理图如图 9.21(a)所示。这是一个三相四线制电路。已知 $\dot{V}_A=220\angle0°V$，$\dot{V}_B=220\angle-120°V$ 和 $\dot{V}_C=220\angle+120°V$。$Z_A$、$Z_B$和 Z_C为三相负载。

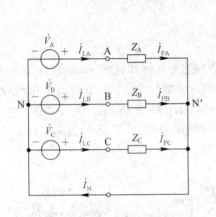

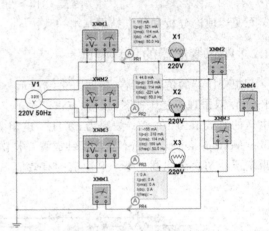

(a) Y-Y连接的三相电路原理图

(b) Y-Y连接的三相电路仿真测试电路

图 9.21 三相电路的仿真测试

从元器件库中选择三相电压源、瓦特表和虚拟灯泡创建仿真电路，如图 9.21(b)所示。三相电源存放在“Source/POWER SOURCES/THREE PHASE WYE”中，虚拟灯泡存放在“Indicators/Virtual Lamp”中，将三相电源和三相负载按照 Y-Y 结构的三相三线制方式进行连接。双击灯泡图标，设置每相负载的额定功率为 25 W，额定电压为 220 V。双击三相电源图表，设置三相电源的有效值为 220 V，频率为 50 Hz。在对称或不对称负载以及有无中线的几种组合下，通过测量线电压、线电流(相电流)以及每相负载的功率大小，观察灯泡的工作状态，并讨论中线在 Y-Y 连接的三相电路中的作用。

表 9.2 三相电路仿真测试数据

三相负载对称(Z_A、Z_B、Z_C均为 25 W 灯泡，相电压为 220 V)										
	线电压有效值/V			线电流有效值/mA			每相负载的功率/W			中线电流/mA
	V_{LA}	V_{LB}	V_{LC}	I_{LA}	I_{LB}	I_{LC}	P_{PA}	P_{PB}	P_{PC}	I_N
有中线	380.95	380.95	380.95	114	114	114	25.004	25.004	25.004	0
无中线	380.95	380.95	380.95	114	114	114	25.004	25.004	25.004	无
三相负载不对称(Z_A(25 W)、Z_B(40 W)、Z_C(60 W)灯泡，相电压为 220 V)										
	线电压有效值/V			线电流有效值/mA			每相负载的功率/W			中线电流/mA
	V_{LA}	V_{LB}	V_{LC}	I_{LA}	I_{LB}	I_{LC}	P_{PA}	P_{PB}	P_{PC}	I_N
有中线	381.03	381.07	380.99	114	182	273	25.004	40.006	60.009	138.232
无中线	381.03	381.075	380.99	0	189	189	0.145 27	43.207	28.805	无

1. 有中线且负载对称

运行仿真按钮，三组灯泡正常发光，且亮度相同。双击三相功率表，三相负载功率相等均为 25.004 W。电路总功率为三相负载功率之和即 75.012 W。因三相负载完全对称，故测得三相负载的相电流和线电压的有效值均相等。测得中线电流有效值 $I_N = 0$。

2. 无中线且负载对称

断开最下面这条中线，运行仿真按钮。所有灯泡均在额定功率和额定电压下正常发光，测得电压、电流和功率数据与(1)中完全一致，说明在 Y - Y 连接的对称三相电路中，中线不起作用。

3. 有中线且负载不对称

双击灯泡图标，设置三相负载(灯泡)X1、X2 和 X3 的额定功率分别为 25 W、40 W 和 60 W，保持额定电压 220 V 不变。运行仿真按钮，观察发现三组灯泡均正常发光。由图 9.21(a)可知，无论三相负载是否对称，只要有中线，每相负载的电压均为相电压 220 V，因此所有负载均工作在额定电压和额定功率下。

由表 9.2 中的数据可知，由于三相负载不对称，故每相负载的电流大小均不同。测得中线电流为 138.23 mA。由于中线起到了分流和平衡负载的作用，因此保证了三组灯泡均能正常工作。

4. 无中线且负载不对称

断开最下面的这条中线，运行仿真按钮，发现 A 相负载的灯丝熔断，灯光熄灭。从仿真数据来看，B 相负载的实际功率最接近于额定功率，故 B 相负载的灯泡亮度最高；C 相负载的实际功率只有额定功率的一半多，C 相负载的灯泡亮度相对较低。

根据灯泡的额定功率和额定电压，计算三相负载的阻抗分别为

$$\begin{cases} Z_A = \dfrac{V_A^2}{P_A} = \dfrac{220^2}{25} = 1936 \ \Omega \\[2mm] Z_B = \dfrac{V_B^2}{P_B} = \dfrac{220^2}{40} = 1210 \ \Omega \\[2mm] Z_C = \dfrac{V_C^2}{P_C} = \dfrac{220^2}{60} = 806.7 \ \Omega \end{cases} \qquad (9.61)$$

可见，当中线断开时，负载电阻越大，实际分压越大，相应的实际功率越大。当超过灯泡的额定功率时，导致灯丝熔断，灯泡不能正常工作。

第 10 章　频 率 响 应

10.1　学 习 纲 要

10.1.1　思维导图

本章从传递函数的概念出发，引出系统频率响应的定义，阐述了系统频率响应研究的意义，根据网络对不同频率信号的响应结果不同，对系统的频率特性进行了分类，介绍了如何使用波特图描述系统的频率响应，并以 RLC 串并联电路为例，对电路的频率响应、谐振特点及谐振应用进行了介绍。图 10.1 所示的思维导图对这些内容进行了描述。

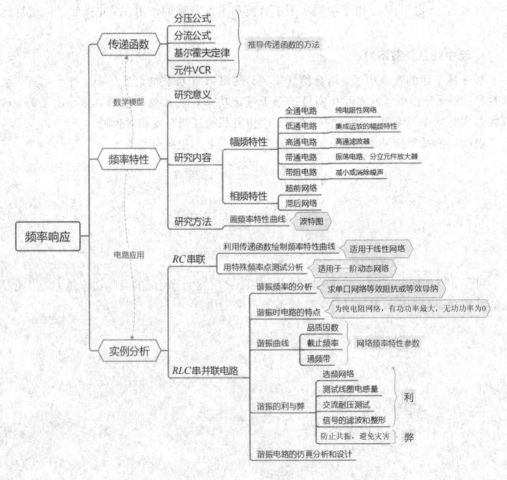

图 10.1　思维导图

10.1.2　学习目标

表 10.1 所示为本章的学习目标。

表 10.1　学习目标

序号	学习要求	学习目标
1	记忆	① 传递函数的定义公式; ② RLC 电路的谐振频率、品质因数、通频带等推导公式
2	理解	① 频率响应研究的内容和意义; ② 谐振的概念,单口网络谐振频率的推导方法; ③ RLC 串并联电路产生谐振的条件; ④ RLC 电路发生谐振时电路的特点
3	分析	① 对 RLC 串并联谐振电路进行分析、计算和设计; ② 定性分析一阶动态电路的频率特性
4	应用	① 谐振在生活中的利与弊; ② 谐振的应用——振荡器

10.2　重点和难点解析

10.2.1　传递函数

1. 传递函数和频率特性

图 10.2(a)所示的线性电阻网络是一个即时系统,其电路响应 $r(t)$ 随激励信号 $e(t)$ 即时变化。假设激励信号 $e(t)$ 是正弦交流电,则电路响应 $r(t)$ 和激励 $e(t)$ 是同频率同相位的正弦交流电,两者的比值 $r(t)/e(t)$ 是一个常数 k,即 $r(t)$ 和 $e(t)$ 的振幅之比($k=R_m/E_m$)。可见,即时系统的响应和激励之比与激励信号的频率 ω 无关。换句话说,系统的响应不会随激励频率 ω 的变化而变化。

在如图 10.2(b)所示的线性动态网络中,由于动态元件的伏安关系是微积分关系,导致其电路响应 $r(t)$ 不仅和当前时刻的激励信号 $e(t)$ 有关,还和历史的激励信号有关。此外,由于动态元件的存在,使电路响应 $r(t)$ 和激励信号 $e(t)$ 之间存在相位差,因此在时域中求响应与激励的比值难以实现。

线性动态网络的传递函数需要在相量域中进行定义,如图 10.2(c)所示。系统的传递函数指在单一激励(只有一个独立源)的电路中,响应相量 $\dot{R}$ 与激励相量 $\dot{E}$ 的比值,即

$$H(j\omega)=\frac{\dot{R}}{\dot{E}}=\frac{R}{E}\angle\varphi_R-\varphi_E=|H(j\omega)|\angle\varphi(\omega) \qquad (10.1)$$

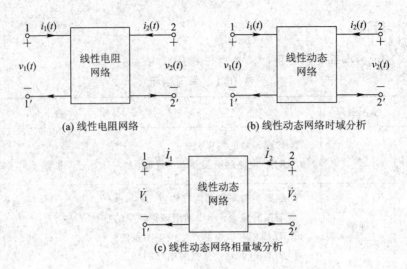

图 10.2　线性网络传递函数的定义

式中，$\dot{R}$ 和 $\dot{E}$ 分别代表响应相量和激励相量，响应和激励可以是电压也可以是电流，可以在同一端口也可以在不同端口。由此可以构成六种不同类型的传递函数，如表 10.2 所示。

表 10.2　传递函数的分类

传递函数类型	传递函数 $H(j\omega)$	传递函数类型	传递函数 $H(j\omega)$
电压增益函数	$H_v(j\omega) = \dot{V}_2 / \dot{V}_1$	电流增益函数	$H_i(j\omega) = \dot{I}_2 / \dot{I}_1$
策动点阻抗函数	$H_r(j\omega) = \dot{V}_1 / \dot{I}_1$	策动点导纳函数	$H_g(j\omega) = \dot{I}_1 / \dot{V}_1$
转移阻抗函数	$H_r(j\omega) = \dot{V}_2 / \dot{I}_1$	转移导纳函数	$H_g(j\omega) = \dot{I}_2 / \dot{V}_1$

　　系统的传递函数可以在相量域中利用分压、分流公式和两类约束推导获得。由推导结果可知，在线性动态网络中，由于动态元件 L 和 C 的阻抗或导纳是频率 ω 的函数，因此传递函数 $H(j\omega)$ 也是频率 ω 的函数。用极坐标形式展开后，传递函数的模 $|H(j\omega)|$ 和传递函数的相位角 $\varphi(\omega)$ 均是频率 ω 的函数。$|H(j\omega)|-\omega$ 关系被称为系统的幅频特性，$\varphi(\omega)-\omega$ 关系被称为系统的相频特性，两者统称为系统的频率特性。

2. 研究系统频率特性的意义

　　研究系统频率特性的前提条件是：电路中激励相量 $\dot{E} = E \angle \varphi_E$ 的幅值 E 和相位角 φ_E 均保持不变，改变的是激励的频率 ω。根据式(10.1)可知，在 E 不变的情况下，传递函数的模 $|H(j\omega)| = \dfrac{R}{E}$ 和电路响应的幅值 R 随角频率 ω 的变化规律是一致的。此外，传递函数的相位差 $\varphi(\omega) = \varphi_R - \varphi_E$ 和电路响应的相位 φ_R，在 φ_E 不变的情况下，随角频率 ω 的变化规律也是一致的。故传递函数的频率特性与电路响应的频率特性规律相似。

　　若在 $\omega \in [0, \infty)$ 范围内可以获得所有的电路响应，就可以对系统的频率特性进行描述，用频率特性表征系统的动态特性(振荡信号的幅值或相位延迟都能体现出系统的动态性能)，并根据频率特性曲线判断系统对不同频率信号的衰减和移相能力。

3. 频率特性的分析和图形表示

如何得到系统的频率特性呢？对于同一系统，频率特性是由系统的传递函数所决定的，例如图 10.3(a)所示的 RC 时域电路。

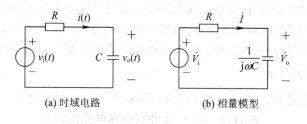

(a) 时域电路　　　　　　　　(b) 相量模型

图 10.3　RC 电路

取电容电压 $v_o(t)$ 作为电路响应，在如图 10.3(b)所示的相量模型中推导传递函数的表达式。利用分压公式，可得

$$H(\mathrm{j}\omega)=\frac{\dot{V}_o}{\dot{V}_i}=\frac{\dfrac{1}{\mathrm{j}\omega C}}{R+\dfrac{1}{\mathrm{j}\omega C}}=\frac{1}{1+\mathrm{j}\omega RC}=\frac{1}{\sqrt{1+(\omega RC)^2}}\angle-\arctan(\omega RC) \tag{10.2}$$

其中，$|H(\mathrm{j}\omega)|=1/\sqrt{1+(\omega RC)^2}$ 称为系统的幅频特性，$\varphi(\omega)=\angle-\arctan(\omega RC)$ 称为系统的相频特性。根据幅频特性和相频特性表达式，绘制 $|H(\mathrm{j}\omega)|$ 和 $\varphi(\omega)$ 随频率 ω 变化的曲线，如图 10.4 所示。

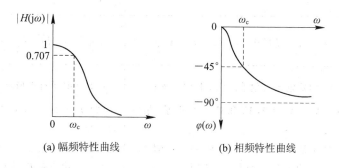

(a) 幅频特性曲线　　　　　　　　(b) 相频特性曲线

图 10.4　频率特性曲线

在图 10.4 中取 3 个特殊频率点，对系统的频率特性进行测试。

(1) 当 $\omega=0$ 时(直流激励)，$1/(\mathrm{j}\omega C)\rightarrow\infty$，电容视为开路，此时 $v_o(t)=v_i(t)$，输出信号 $v_o(t)$ 的幅度最大，$|H(\mathrm{j}\omega)|=1$，相移为 $\varphi(\omega)=0$；

(2) 当 $\omega\rightarrow\infty$ 时，$1/(\mathrm{j}\omega C)=0$ 电容视为短路，此时 $v_o(t)=0$，输出信号 $v_o(t)$ 的幅度最小，$|H(\mathrm{j}\omega)|=0$，相移为 $\varphi(\omega)=-90°$；

(3) 当 $\omega=\omega_c=1/(RC)$ 时，$|H(\mathrm{j}\omega)|=1/\sqrt{2}$，$\varphi(\omega)=-45°$。

其中，ω_c 称为截止频率。工程上认为 $\omega>\omega_c$ 时，$|H(\mathrm{j}\omega)|=0$；$\omega<\omega_c$ 时，$|H(\mathrm{j}\omega)|=1$。BW 称为通频带，$BW=\omega_c-0=\omega_c$。该电路因其通低频，阻高频的动态特性，被称为低通电路(或低通滤波器)。又因 $\varphi(\omega)$ 在 $\omega\in[0,\infty]$ 范围内均小于零的动态特性，被称为滞后网络(即输出信号的相位滞后于输入信号的相位)。

10.2.2　*RLC* 串并联谐振

1. 谐振的定义

在包含 R、L 和 C 元件的正弦交流电路中，通过对电路参数或电源频率的调节，使电路的总阻抗呈现纯电阻性质，此时称电路处于谐振状态。电路发生谐振现象时，电场和磁场能量在电路内部不断地相互转换，电阻消耗的能量由电源不断地供给。

2. 谐振时电路的特点

对 *RLC* 串联电路和并联电路发生谐振时的特点进行归纳和总结，如表 10.3 所示。

表 10.3　*RLC* 串并联谐振电路的对比

	RLC 串联谐振	*RLC* 并联谐振
电路结构		
谐振时的阻抗或导纳	$Z_{eq}=R$（纯电阻网络）	$Y_{eq}=G$（纯电阻网络）
谐振频率	$\omega_0=1/\sqrt{LC}$ 或 $f_0=1/[2\pi\sqrt{LC}]$	$\omega_0=1/\sqrt{LC}$ 或 $f_0=1/[2\pi\sqrt{LC}]$
谐振时电路特点	(1) 回路电流有效值最大，$I=V_s/R$； (2) $\dot{V}_L+\dot{V}_C=0$，V_L 和 V_C 大小相等，相位相反； (3) 品质因数：$Q=\omega_0 L/R=1/(\omega_0 RC)$； (4) 有功功率 P 最大，功率因数 $\lambda=1$	(1) 端电压有效值最大，$V=I_s/G$； (2) $\dot{I}_L+\dot{I}_C=0$，I_L 和 I_C 大小相等，相位相反； (3) 品质因数 $Q=\omega_0 RC=R/(\omega_0 L)$； (4) 有功功率 P 最大，功率因数 $\lambda=1$
谐振曲线	 $R\downarrow\rightarrow Q\uparrow\rightarrow BW=\omega_{c2}-\omega_{c1}\downarrow$	 $G\downarrow\rightarrow Q\uparrow\rightarrow BW=\omega_{c2}-\omega_{c1}\downarrow$

3. 谐振电路的分析、设计和应用

1）谐振电路的分析

（1）谐振频率 ω_0 或 f_0 的确定。

当电路发生串联谐振时，单口网络串联等效阻抗 $Z_{eq}=R+jX$ 的虚部 $X=0$。利用两类约束推导等效阻抗 Z_{eq} 的表达式，并令其虚部 $X=0$，即可求解电路的串联谐振频率 ω_0 或 f_0。当电路发生并联谐振时，单口网络并联等效导纳 $Y=G+jB$ 的虚部 $B=0$。利用两类约束推导等效导纳 Y 的表达式，并令其虚部 $B=0$，即可求解电路的并联谐振频率 ω_0 或 f_0。

无论是串联谐振还是并联谐振电路，谐振频率的求解问题关键在于推导单口网络的等效阻抗 Z_{eq} 或等效导纳 Y_{eq}。若单口网络内部只包含 R、L、C 阻抗元件，通过串并联等效的方式即可分析求解；若单口网络内部包含受控源，只能采用外加电源法进行分析求解。

（2）品质因数 Q、通频带 BW 等电路性能参数的确定。

以串联谐振电路为例，品质因数指电路发生串联谐振时，动态元件电压与电源电压有效值之比。品质因数 Q 越大，谐振曲线越尖锐，相同谐振频率 ω_0 下，单口网络对谐振频率的选择性越好。利用公式 $Q=\omega_0 L/R=1/(\omega_0 RC)$，即可获得 Q 值。通频带指该频带范围的激励信号，其在网络的输出端会产生响应信号。超出该频带范围的激励信号在网络输出端的响应信号幅值会急速下降，工程上认为近似输出为 0。通频带概念和截止频率概念相关，截止频率指系统的传递函数下降到最大值的 0.707 倍（或下降 3 dB）时的频率点。对于相同谐振频率的电路来讲，品质因数越高，通频带越窄，两者成反比关系：

$$BW=\omega_0/Q$$

2）谐振电路的设计

所谓电路设计，是指已知电路的性能指标，确定电路结构和参数的过程。例如已知 RLC 串并联电路的电压或电流，谐振时电路的有功功率，电路的谐振频率，通频带或品质因数等指标，要求设计谐振电路的参数值 R、L 和 C。这类问题涉及电路发生串并联谐振时电路的特点。以 RLC 串联电路为例，当电路发生串联谐振时，其回路电流和有功功率达到最大，功率因数为 1，两个动态元件的电压相量之和等于 0 等。利用谐振时电路的特征，反向设计电路的参数，如 $R=V_S/I$，$C=1/(\omega_0^2 L)$，$L=QR/\omega_0$ 等。

3）谐振电路的应用

谐振电路具有选频特性，若品质因数 Q 越大，通频带 BW 越窄，单口网络对信号频率的选择性就越好。利用该特性我们可以将谐振现象应用于正弦波振荡电路中，通过对选频网络的设计，获得单一频率的正弦信号输出。

10.2.3　滤波器

根据系统幅频特性曲线的不同，分为低通电路、高通电路、带通电路、全通电路和带阻电路，如图 10.5 所示。根据每种类型的幅频特性都可以设计相应的电路模型，且可以进行实际的电路应用。

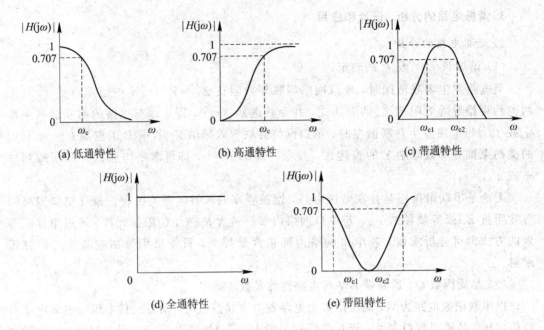

图 10.5　电路幅频特性的分类

（1）**低通特性**。集成运放的内部电路采用直接耦合的连接方式，故在 $\omega=0$ 处具有较高的直流增益；又如因晶体管内部电容的影响，在高频区会引起增益的下降，因此其幅频特性对应于图 10.5(a) 所示的低通特性；又如直流稳压电源的输出端通常会设计电容接地，其主要的作用是滤除直流电压中的纹波信号（高频信号），以达到输出平滑的直流电压的效果，该电路就是一种低通特性的电路结构。

（2）**高通特性**。如果要滤除低频信号，达到输出高频信号的作用，例如 RC 微分电路，就要选用如图 10.5(b) 所示的高通特性的电路结构。

（3）**带通特性**。分立元件组成的放大器和振荡器中的选频网络，其幅频特性均对应于图 10.5(c) 所示的带通特性。区别在于，放大器的带宽 $BW=\omega_{c2}-\omega_{c1}$ 的设计数值通常较大，以满足较宽频率范围内的小信号放大功能。而振荡器中的选频网络的带宽 $BW=\omega_{c2}-\omega_{c1}$ 的设计数值通常较小，这样易于实现单一频率的正弦信号振荡输出。

（4）**全通特性**。如图 10.5(d) 所示，对于 $\omega\in[0,\infty)$ 范围内所有频率信号均能通过网络到达输出端，且输出信号幅值相同。从侧面反映了该网络的传递函数与信号频率 ω 无关，典型代表是纯电阻网络。

（5）**带阻特性**。如图 10.5(e) 所示，该电路有两个通带，在这两个通带之间是一个阻带。阻带能起到阻碍某个频段的信号通过网络的作用。例如在图像和信号处理中，使用带阻滤波器可以减少或消除噪声。

图 10.3 所示的 RC 低通电路是由无源器件组成的，亦被称为无源低通滤波器。这类滤波器无须使用电源供电就能实现滤波功能，其缺点是由于 $|H(j\omega)|=V_o/V_i=1/\sqrt{1+(\omega RC)^2}\leqslant1$，故无源滤波器的输出信号会衰减，若级联的阶数较多，最终输出信号 V_o 将衰减趋于 0。

如图 10.6 所示电路在无源 RC 滤波器的基础上级联了一级包含集成运放的电路，该电路因引入了有源器件，故被称为有源滤波器。这类滤波器需要使用电源才能工作。下面推导该电路的传递函数表达式。

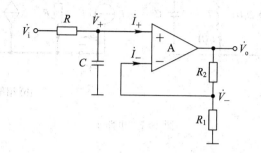

图 10.6 RC 一阶有源滤波器

由"虚断"可知：$\dot{I}_+ = \dot{I}_- = 0$，在输入端利用分压公式，可得

$$\dot{V}_+ = \dot{V}_i \frac{1/(\mathrm{j}\omega C)}{R + 1/(\mathrm{j}\omega C)} \tag{10.3}$$

在输出端利用分压公式，可得

$$\dot{V}_- = \dot{V}_o \frac{R_1}{R_1 + R_2} \tag{10.4}$$

由"虚短"可知 $\dot{V}_+ = \dot{V}_-$，故

$$H(\mathrm{j}\omega) = \frac{\dot{V}_o}{\dot{V}_i} = \left(1 + \frac{R_2}{R_1}\right)\left(\frac{1}{1 + \mathrm{j}\omega RC}\right) \tag{10.5}$$

其中，$1 + R_2/R_1$ 被称为通带增益，其值大于 1，它对传递函数的模 $|H(\mathrm{j}\omega)| = \dfrac{V_o}{V_i} = (1 + R_2/R_1)/\sqrt{1 + (\omega RC)^2}$ 起到补偿的作用。

10.2.4 波特图

工程上常用波特图描述系统的频率特性。波特图是线性非时变系统的传递函数对频率的半对数坐标图，它能够直观地反映传递函数(或输出信号的幅度)和相位对信号频率 ω 的依赖性。

在幅频特性曲线中，它的纵坐标以分贝(dB)为单位，电压、电流、互导或互阻增益的分贝表示：$H_{dB} = 20\log|H(\mathrm{j}\omega)|$；功率增益的分贝表示：$H_{dB} = 10\log|H(\mathrm{j}\omega)|$。例如，10 倍的电压增益→20dB，100 倍的电压增益→40dB，1000 倍的电压增益→60dB。可见，用 dB 作为传递函数的增益的单位可以拓宽线性坐标显示的范围。

10.3   典型例题分析

【例 10.1】 (1) 电路 1 如图 10.7(a)所示，其中 $i_S = 5\sqrt{2}\cos(\omega t)$ A，$R = 10\ \Omega$，$L = 0.3$ mH，$C = 100\ \mu$F，求电路的并联谐振频率 ω_0。

（2）电路 2 如图 10.8(b) 所示，求电路的串联谐振频率 f_0 的表达式。

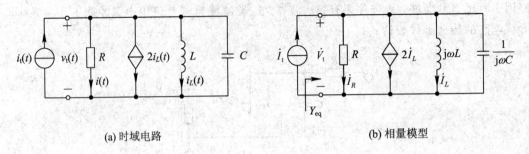

(a) 时域电路　　　　　　　　　　　　　(b) 相量模型

图 10.7　电路 1

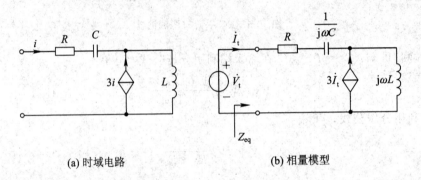

(a) 时域电路　　　　　　　　　　　(b) 相量模型

图 10.8　电路 2

题意分析：

分析电路的串联谐振频率或并联谐振频率，关键在于推导单口网络的等效阻抗 Z_{eq} 或等效导纳 Y_{eq}。两者的最简形式分别为 $Z_{eq}=R+jX$ 或 $Y_{eq}=G+jB$，其中阻抗的电抗分量 X 和导纳的电纳分量 B 均是角频率 ω 的函数。当 $X=0$ 或 $B=0$ 时，对应的角频率 ω_0（或 f_0）的值，即电路的串并联谐振频率。

（1）图 10.7(a) 是一个并联电路，首先画出图 10.7(a) 时域电路所对应的相量模型，如图 10.7(b) 所示。假设端口电流为 $\dot{I}_t$，端电压为 $\dot{V}_t$，列写节点的 KCL 方程：

$$\dot{I}_t - \frac{\dot{V}_t}{R} - 2\dot{I}_L - \dot{I}_L - j\omega C \dot{V}_t = 0 \tag{10.6}$$

由电感 L 的 VCR 方程可得

$$\dot{V}_t = j\omega L \dot{I}_L \tag{10.7}$$

联立式 (10.6) 和式 (10.7)，推导可得

$$Y_{eq} = \frac{\dot{I}_t}{\dot{V}_t} = \frac{1}{R} + j\left(\omega C - \frac{3}{\omega L}\right) = G + jB \tag{10.8}$$

当 $B = \omega C - \dfrac{3}{\omega L} = 0$ 时，电路发生并联谐振现象，谐振频率为

$$\omega_0 = \sqrt{\frac{3}{LC}} = \sqrt{\frac{3}{0.3 \times 10^{-3} \times 100 \times 10^{-6}}} = 10^4 \text{ rad/s} \tag{10.9}$$

（2）图 10.8(a)是一个串联电路，推导该电路的串联谐振频率，首先画出图 10.8(a)时域电路所对应的相量模型，如图 10.8(b)所示。假设端口电压为 $\dot{V}_t$，端口电流为 $\dot{I}_t$，列写回路的 KVL 方程：

$$\left(R+\frac{1}{j\omega C}\right)\dot{I}_t+j\omega L\,(\dot{I}_t+3\dot{I}_t)-\dot{V}_t=0 \tag{10.10}$$

解得

$$Z_{eq}=\frac{\dot{V}_t}{\dot{I}_t}=R+\frac{1}{j\omega C}+j4\omega L=R+j\left(4\omega L-\frac{1}{\omega C}\right)=R+jX \tag{10.11}$$

当 $X=4\omega L-\dfrac{1}{\omega C}=0$ 时，电路发生串联谐振现象，谐振频率为

$$\omega_0=\frac{1}{2\sqrt{LC}}(\mathrm{rad/s})\ \text{或}\ f_0=\frac{1}{4\pi\sqrt{LC}}(\mathrm{Hz}) \tag{10.12}$$

【例 10.2】 已知电路如图 10.9 所示，已知 $v_s(t)=3\sqrt{2}\cos\omega t\,\mathrm{V}$，$L=2\ \mathrm{mH}$。

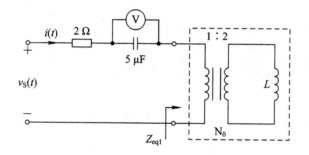

图 10.9 例 10.2 的电路图

（1）求虚线框中含理想变压器的单口网络 $\mathrm{N_0}$ 的等效阻抗 Z_{eq1} 的表达式，并确定单口网络的等效电路和参数；

（2）求电路的串联谐振频率 ω_0，并求谐振时电流 $i(t)$；

（3）求该电路的品质因数 Q、通频带 BW 以及电压表 V 的读数。

题意分析：

（1）单口网络 $\mathrm{N_0}$ 中包含了一个理想变压器和电感 L，理想变压器对电感 L 具有阻抗变换的作用。写出理想变压器初级线圈反映阻抗的表达式：

$$Z_{eq1}=\frac{1}{n^2}Z_L=\frac{1}{4}j\omega L=j\omega L_{eq} \tag{10.13}$$

故单口网络 $\mathrm{N_0}$ 等效为一个电感元件 L_{eq}，$0.25j\omega L=j\omega L_{eq}$，故 $L_{eq}=0.5\ \mathrm{mH}$。

（2）单口网络的串联谐振频率为

$$\omega_0=\frac{1}{\sqrt{L_{eq}C}}=\frac{1}{\sqrt{0.5\times10^{-3}\times5\times10^{-6}}}=20\ \mathrm{krad/s} \tag{10.14}$$

谐振时 $V_{2\Omega}=V_s$，故 $I=\dfrac{V_s}{R}=1.5\ \mathrm{A}$，故 $i(t)=1.5\sqrt{2}\cos(20\,000t)$。

（3）由品质因数 Q 的推导公式，可得

$$Q=\frac{\omega_0 L_{eq}}{R}=\frac{20\times10^3\times0.5\times10^{-3}}{2}=5 \tag{10.15}$$

根据品质因数 Q 和通频带 BW 的关系，可得

$$BW=\frac{\omega_0}{Q}=\frac{20\times10^3}{5}=4\ kHz \tag{10.16}$$

利用电容 VCR 的模的关系，推导电容电压的有效值，可得

$$V_C=\frac{I}{\omega_0 C}=\frac{1.5}{20\times10^3\times5\times10^{-6}}=15\ V \tag{10.17}$$

故电压表读数为 15 V。

【例 10.3】 已知电路如图 10.10 所示，电路中包含一对同向串联的耦合电感，已知 L_1 $=L_2=4\ mH$，耦合系数为 k，$C_1=200\ \mu F$，$v_s(t)=20\sqrt{2}\cos(1000t)V$，当电路串联谐振时测得电压表 V 的示数为 200 V，电流表 A 的示数为 20 A。求电路参数 R、C_2 和耦合系数 k 的值。

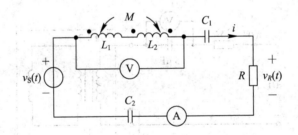

图 10.10　例 10.3 的电路图

题意分析：

同向串联的一对耦合电感可以等效为一个电感 L_{eq}，电容 C_1 和 C_2 串联也可以等效为一个电容 C_{eq}，故该电路是一个 RLC 串联谐振电路。先求出电阻 R 的参数值：

$$R=\frac{V_s}{I}=\frac{20}{20}=1\ \Omega \tag{10.18}$$

由于谐振时动态元件的电压是电源电压的 Q 倍，故

$$Q=\frac{V_L}{V_s}=\frac{200}{20}=10 \tag{10.19}$$

根据品质因数的推导公式 $Q=\frac{\omega_0 L}{R}$ 和谐振频率公式 $\omega_0=\frac{1}{\sqrt{LC}}$，可以分别求得 L_{eq} 和 C_{eq}：

$$\begin{cases} L_{eq}=\frac{QR}{\omega_0}=\frac{10\times1}{1000}=0.01\ H \\ C_{eq}=\frac{1}{\omega_0^2 L_{eq}}=\frac{1}{1000^2\times0.01}=10^{-4}\ F \end{cases} \tag{10.20}$$

由电容的串联等效规律可知 $C_{eq}=\frac{C_1 C_2}{C_1+C_2}$，故

$$C_2 = \frac{C_{eq}C_1}{C_1 - C_{eq}} = \frac{10^{-4} \times 200 \times 10^{-6}}{200 \times 10^{-6} - 10^{-4}} = 200 \ \mu F \tag{10.21}$$

同向串联的耦合电感可等效为一个电感 L_{eq}，由等效条件可知

$$L_{eq} = L_1 + L_2 + 2M = L_1 + L_2 + 2k\sqrt{L_1 L_2} \tag{10.22}$$

解得 $k = 0.25$。

【例 10.4】　在如图 10.11 所示的电路中，已知 $L_1 = 2 \ mH$，$L_2 = 4 \ mH$ 和 $M = 2 \ mH$，当 $v_S = 10\sqrt{2}\cos(100t)\,V$ 时，电路发生串联谐振，测得有功功率 $P = 20 \ W$。试确定电路参数 R 和 C。

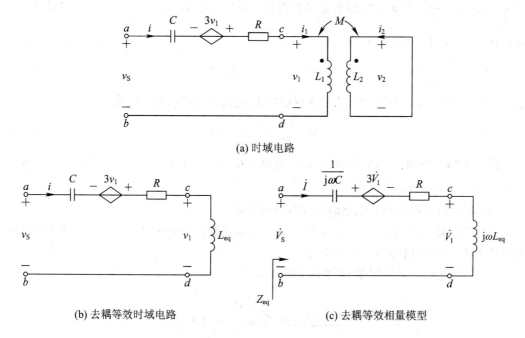

图 10.11　例 10.4 的电路图

题意分析：

（1）先将 cd 端口右侧的单口网络进行化简，并列写耦合电感端口的 VCR 方程：

$$\begin{cases} v_1 = L_1 \dfrac{di_1}{dt} + M \dfrac{di_2}{dt} \\ v_2 = L_2 \dfrac{di_2}{dt} + M \dfrac{di_1}{dt} = 0 \end{cases} \tag{10.23}$$

推导 cd 端口的 VCR 方程：

$$v_1 = \left(L_1 - \frac{M^2}{L_2}\right)\frac{di_1}{dt} = L_{eq}\frac{di_1}{dt} \tag{10.24}$$

故 cd 端口可等效为一个电感元件，其参数值 $L_{eq} = L_1 - \dfrac{M^2}{L_2} = 2 - \dfrac{2^2}{4} = 1 \ mH$。图 10.11(a) 的去耦等效时域电路如图 10.11(b) 所示。

（2）画出 10.11(b) 时域电路所对应的相量模型，如图 10.11(c) 所示。推导 ab 端口右侧单口网络的等效阻抗 Z_{eq}，该步骤用于分析串联电路的谐振频率。列写回路的 KVL 方程：

$$\left(\frac{1}{j\omega C}+R\right)\dot{I}+3\dot{V}_1+\dot{V}_1-\dot{V}_S=0 \tag{10.25}$$

由电感元件的 VCR 方程，可得

$$\dot{V}_1=j\omega L_{eq}\dot{I} \tag{10.26}$$

将式(10.26)代入式(10.25)，推导 ab 端单口网络的等效阻抗 Z_{eq}，可得

$$Z_{eq}=\frac{\dot{V}_S}{\dot{I}}=R+j\left(4\omega L_{eq}-\frac{1}{\omega C}\right)=R+jX \tag{10.27}$$

当 $X=4\omega L_{eq}-\frac{1}{\omega C}=0$ 时，电路发生串联谐振，谐振频率为 $\omega_0=\frac{1}{2\sqrt{L_{eq}C}}$。已知谐振频率 $\omega_0=100$ rad/s，$L_{eq}=1$ mH，故

$$C=\frac{1}{4L_{eq}\omega_0^2}=25 \text{ mF} \tag{10.28}$$

谐振时 $V_S=V_R$，单口网络的有功功率即电阻 R 消耗的有功功率，因此

$$R=\frac{V_S^2}{P}=\frac{10^2}{20}=5 \text{ Ω} \tag{10.29}$$

【例 10.5】 如图 10.12 所示的单口网络，$L_1=3.5$ mH，$L_2=3$ mH，$M=2$ mH，$v_S(t)=2\sqrt{2}\cos\omega t$ V。

(1) 求反向串联的耦合电感的等效电路及参数；

(2) 假设 $R=10$ Ω，$C_1=1$ μF，$C_2=3$ μF，求电路的谐振频率 f_0，计算谐振时电路的有功功率 P 和耦合电感的无功功率 Q_L；

(3) 计算电路的品质因素 Q 和特征阻抗 ρ。

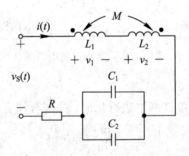

图 10.12　例 10.5 的电路图

题意分析:

(1) 反向串联的耦合电感可等效为一个电感，其参数值 L_{eq} 表示为

$$L_{eq}=L_1+L_2-2M=3.5+3-2\times2=2.5 \text{ mH} \tag{10.30}$$

(2) 因 C_1 和 C_2 并联，故等效电容为 $C_{eq}=C_1+C_2=1 \text{ μF}+3 \text{ μF}=4 \text{ μF}$，电路的谐振频率 f_0 表示为

$$f_0=\frac{1}{2\pi\sqrt{L_{eq}C_{eq}}}=\frac{1}{2\pi\sqrt{2.5\times10^{-3}\times4\times10^{-6}}}=1.592 \text{ kHz} \tag{10.31}$$

电路发生谐振时，单口网络呈纯电阻特性，等效阻抗 $Z_{eq}=R$，回路电流的有效值

$$I = \frac{V_s}{R} = \frac{2}{10} = 0.2 \ \text{A} \ \text{最大，因此电路的有功功率} \ P \ \text{最大为}$$

$$P = I^2 R = 0.2^2 \times 10 = 0.4 \ \text{W} \tag{10.32}$$

耦合电感的无功功率表示为

$$Q_L = \omega_0 L_{\text{eq}} I^2 = 2\pi \times 1.592 \times 10^3 \times 2.5 \times 10^{-3} \times 0.2^2 = 0.9998 \ \text{var} \tag{10.33}$$

（3）电路的品质因数和特征阻抗可以分别利用下面两式求得

$$\begin{cases} Q = \dfrac{\omega_0 L_{\text{eq}}}{R} = \dfrac{2\pi f_0 L_{\text{eq}}}{R} = 2.5 \\ \rho = \omega_0 L_{\text{eq}} = 25 \ \Omega \end{cases} \tag{10.34}$$

【例 10.6】 如图 10.13 所示的单口网络，已知 $v_s(t) = 10\sqrt{2}\cos 5t$ V，理想变压器的匝比 $n = 2$。

（1）求 cd 端的反映阻抗 Z_{ref}；

（2）若 L 可调，求谐振时的 L 参数值；

（3）求谐振时的 $i_1(t)$ 和 0.05 F 电容的无功功率 Q_C。

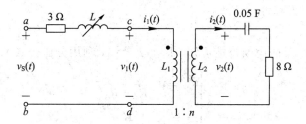

图 10.13 例 10.6 的电路图

题意分析：

（1）利用理想变压器的阻抗变换性质，可得

$$Z_{\text{ref}} = \frac{1}{n^2} Z_L = \frac{1}{2^2}\left(8 + \frac{1}{\text{j}5 \times 0.05}\right) = (2 - \text{j}) \ \Omega \tag{10.35}$$

（2）电路在电源频率处谐振，故 $\omega_0 = 5 \ \text{rad/s}$。由反映阻抗 Z_{ref} 的表达式可知，cd 端口可等效为一个 $2 \ \Omega$ 电阻和一个阻抗为 $-\text{j}\Omega$ 的电容的串联支路。当电路发生串联谐振时，ab 端等效为纯电阻网络，故电感元件的阻抗 $Z_L = \text{j}\omega L = \text{j}$，即 $L = 0.2 \ \text{H}$。

（3）谐振时，变压器初级回路的电流有效值为

$$I_1 = \frac{V_s}{R_{\text{eq}}} = \frac{10}{3+2} = 2 \ \text{A} \tag{10.36}$$

经反变换之后，$i_1(t) = 2\sqrt{2}\cos 5t$ A。根据理想变压器初次级线圈的电流关系可知

$$i_2(t) = \frac{1}{n} i_1(t) = \sqrt{2}\cos 5t \ \text{A} \tag{10.37}$$

谐振时电容的无功功率表示为

$$Q_C = -\omega_0 C V_C^2 = -\omega_0 C \left(\frac{I_2}{\omega_0 C}\right)^2 = -\frac{I_2^2}{\omega_0 C}$$

$$= -\frac{1^2}{5 \times 0.05} = -4 \ \text{var} \tag{10.38}$$

【例 10.7】 已知电路如图 10.14 所示，A 为理想集成运放，且工作在传输特性的线性区域。

(1) 推导该电路的传递函数表达式 $H(j\omega) = \dot{V}_o / \dot{V}_i$；

(2) 设计一个增益为 8，截止频率 f_c 为 100 kHz 的有源高通滤波器。电阻取值满足 R、R_1、$R_2 \in [10 \text{ k}\Omega, 100 \text{ k}\Omega]$。

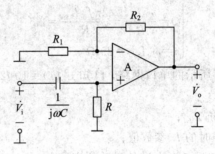

图 10.14　例 10.7 的电路图

题意分析：

(1) 由集成运放 A 的虚断特性可知，$\dot{I}_- = \dot{I}_+ = 0$，利用分压公式可得

$$\begin{cases} \dot{V}_- = \dot{V}_o \dfrac{R_1}{R_1 + R_2} \\[3mm] \dot{V}_+ = \dot{V}_i \dfrac{R}{R + \dfrac{1}{j\omega C}} \end{cases} \tag{10.39}$$

由集成运放 A 的虚短特性可知 $\dot{V}_- = \dot{V}_+$，将式(10.38)整理可得

$$H(j\omega) = \frac{\dot{V}_o}{\dot{V}_i} = \frac{1 + \dfrac{R_2}{R_1}}{1 + \dfrac{1}{j\omega RC}} \tag{10.40}$$

(2) 因高通滤波器的增益为 8，故需满足条件 $1 + \dfrac{R_2}{R_1} = 8$，取 $R_1 = 10 \text{ k}\Omega$，则 $R_2 = 70 \text{ k}\Omega$。

因截止频率 $f_c = 100 \text{ kHz}$，又因 $f_c = \dfrac{1}{2\pi RC}$，故 $RC = 1.5924 \times 10^{-6}$。取 $R = 10 \text{ k}\Omega$，则 $C = 0.159\ 24 \text{ nF}$。

10.4　仿 真 实 例

10.4.1　谐振电路的仿真分析和设计实例 1

设计一个品质因数 $Q = 2$、通频带 $\text{BW}_f = 18 \text{ kHz}$ 的 RLC 串联谐振电路。确定 R、L、C 的电路参数值，并通过仿真实验验证设计结果。

题意分析：

（1）根据设计指标进行电路参数的设计。

由通频带的推导公式 $\mathrm{BW}_f = \dfrac{f_0}{Q}$ 推得该电路的谐振频率为

$$f_0 = \mathrm{BW}_f \cdot Q = 18 \times 10^3 \times 2 = 36 \text{ kHz} \tag{10.41}$$

L 和 C 的参数值都是未知的，只能先假定其一，再根据关系式确定其二。取 $L = 10$ mH，又因 $f_0 = \dfrac{1}{2\pi\sqrt{LC}}$，则

$$C = \frac{1}{(2\pi f_0)^2 L} = 1.956 \text{ nF} \tag{10.42}$$

又因 $Q = \omega_0 L / R$，故可得

$$R = \frac{\omega_0 L}{Q} = \frac{2\pi \times 36 \times 10^3 \times 10 \times 10^{-3}}{2} = 1130.4 \ \Omega \tag{10.43}$$

（2）验证设计结果。

仿真电路连接如图 10.15 所示，设置电路参数 $L = 10$ mH，$C = 1.956$ nF，$R = 1130.4$ Ω。设置正弦交流电的有效值为 1 V。调节交流电压源的频率，同时用万用表测量电阻 R_1 的端电压有效值 V_{R0}。当 V_{R0} 读数近似等于 1 V 时，电路发生串联谐振现象，测得动态元件的电压有效值 V_{L0} 和 V_{C0}，并计算品质因数 Q。

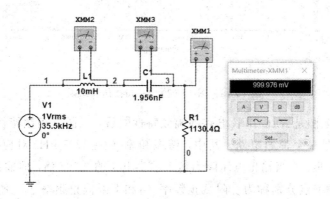

图 10.15　仿真实例 1 的电路

使用虚拟仪表"波特仪"或 AC sweep 均可以实现对 RLC 串联电路频率特性的扫描和分析。以 AC sweep 方式为例介绍频率特性曲线的测量。选择菜单"Simulate/Analyses and Simulation"，弹出如图 10.16 所示的对话框。选择"Frequency parameters"选项卡，设置扫描的起始频率和终止频率分别为 1 Hz 和 10 GHz。扫描类型设为"Decade"（十进制），步长为"10"，纵坐标为"Logarithmic"（对数坐标）。选择"Output"选项卡，并将电阻 R_1 的电压 V(3) 作为输出变量添加到右框中，如图 10.17 所示。点击"Run"按钮，获得如 10.18 所示的仿真运行结果。

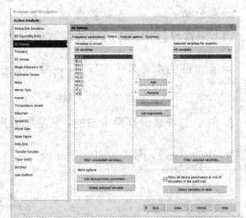

图 10.16　Frequency parameters 选项卡　　　　　　　图 10.17　Output 选项卡

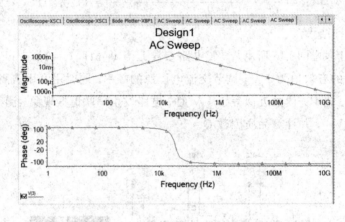

图 10.18　图 10.18　AC 扫描仿真结果

　　图 10.18 的上图是 RLC 串联电路的幅频特性曲线，下图是相频特性曲线。由幅频特性曲线可知，这是一个带通电路。其中，谐振频率 $f_0 = 35.5$ kHz 对应的输出电压幅值 $V_{R0} = 999.985$ mV 最大。当输出电压降为最大输出电压的 0.707 倍，即输出电压为 0.707 V 时，对应的两个频率点分别称为上限截止频率 f_H 和下限截止频率 f_L，测得数据如表 10.4 所示。

表 10.4　仿真测试数据

谐振频率 f_0/Hz	电阻电压 V_{R0}/mV	电感电压 V_{L0}/V	电容电压 V_{C0}/V	品质因数 Q	f_H/kHz	f_L/kHz	通频带 BW_f/kHz
35.5k	999.985	1.999	2.001	2	28.104	45.971	17.867

　　可见，仿真实验结果与设计要求基本相符。

10.4.2　谐振电路的仿真分析和设计实例 2

　　要求设计一个谐振频率 $f_0 = 16$ kHz 的 RLC 串联谐振电路，已知电阻 $R = 510$ Ω，$L = 10$ mH，设计 C 参数值，并测量电路的通频带 BW_f 和品质因数 Q。

题意分析：

（1）根据设计指标进行电路参数的设计。由于 $f_0 = \dfrac{1}{2\pi\sqrt{LC}}$，将已知条件代入上式，即可获得 $C = 9.9\ \text{nF}$。

（2）验证设计结果。仿真电路连接如图 10.19 所示，当 $V_{R1} = 1\ \text{V}$ 时，测得 $f_0 = 15.8\ \text{kHz}$，此时电路处于串联谐振状态，测得动态元件的电压 $V_L = 1.972\ \text{V}$，根据品质因数的定义，得 $Q = V_L / V_S = 1.972$。

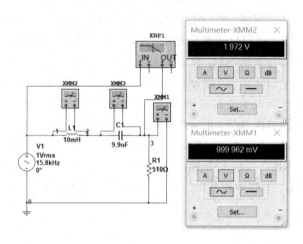

图 10.19　仿真实例 2 的电路

将波特仪"IN"的"＋"端和"Out"的"＋"端分别与电压源的正极和电阻电压 V_{R1} 的正极相连。双击 XBP1 图标，弹出如图 10.20 所示的对话框，运行仿真按钮，并将光标移到 0 dB 附近，读出此时的谐振频率 $f_0 = 15.579\ \text{kHz}$。将光标向左或向右移动，当输出电压幅值和最大值相比下降了 3 dB 时，对应的频率点即 f_H 和 f_L。测得 $f_H = 20.59\ \text{kHz}$ 和 $f_L = 12.29\ \text{kHz}$，故 $\text{BW}_f = f_H - f_L = 8.3\ \text{kHz}$。

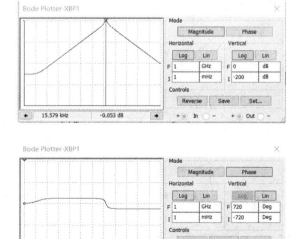

图 10.20　图 10.20　波特仪仿真测试结果

参 考 文 献

［1］　于歆杰，朱桂萍，陆文娟. 电路原理. 北京：清华大学出版社，2007.

［2］　胡建萍，马金龙，王宛苹，等. 电路分析. 北京：科学出版社，2006.

［3］　王志功，沈永朝. 电路与电子线路基础. 北京：高等教育出版社，2012.

［4］　李国林. 电子电路与系统基础. 北京：清华大学出版社，2017.

［5］　顾梅园，杜铁钧，吕伟锋. 电路分析. 北京：电子工业出版社，2017.

［6］　陈抗生. 电路分析与电子线路基础. 北京：高等教育出版社，2012.

［7］　李瀚荪. 简明电路分析基础. 北京：高等教育出版社，2002.

［8］　ALEXANDER C K，SADIKU M N O. 电路基础. 5 版. 北京：机械工业出版社，2013.

［9］　NILSSON J W，RIEDEL S A. 电路. 9 版. 周玉坤，等译. 北京：电子工业出版社，2013.

［10］　孙立山，陈希有. 电路理论基础. 北京：高等教育出版社，2013.